新型职业农民培育系列教材

设施蔬菜
生产经营

◎ 马 跃　崔改泵　邵凤成　主编

U0349302

中国农业科学技术出版社

图书在版编目（CIP）数据

设施蔬菜生产经营／马跃，崔改泵，邵凤成主编.—北京：中国农业科学技术出版社，2017.7

ISBN 978-7-5116-3139-8

Ⅰ.①设…　Ⅱ.①马…②崔…③邵…　Ⅲ.①蔬菜园艺-设施农业　Ⅳ.①S626

中国版本图书馆 CIP 数据核字（2017）第 145890 号

责任编辑　于建慧
责任校对　贾海霞

出 版 者　中国农业科学技术出版社
　　　　　北京市中关村南大街 12 号　邮编：100081
电　　话　（010）82109194（编辑室）　（010）82109702（发行部）
　　　　　（010）82109709（读者服务部）
传　　真　（010）82106650
网　　址　http://www.castp.cn
经 销 者　各地新华书店
印 刷 者　北京富泰印刷有限责任公司
开　　本　850 mm×1 168 mm　1/32
印　　张　7.25
字　　数　195 千字
版　　次　2017 年 7 月第 1 版　2017 年 7 月第 1 次印刷
定　　价　29.80 元

《设施蔬菜生产经营》
编 委 会

目　　录

第一章　设施蔬菜栽培概况

第一节　设施蔬菜栽培历史与发展

中国蔬菜的栽培起始于距今 7 000 多年的河姆渡新石器时期，考古证明，公元前 5 000 年至公元前 3 000 年以前，已有了种植蔬菜的石制农具。因此，我国园艺比印度、埃及、巴比伦王国以及古罗马帝国都早。中国和世界各地一直进行着园艺品种的地区和国际交流，有记载的较早和规模最大的当数汉武帝时（公元前 141 年至公元前 87 年），张骞出使西域，他由丝绸之路给西亚和欧洲带去了中国的桃、梅、杏、茶、芥菜、萝卜、甜瓜、白菜、百合等，极大丰富了那些地区园艺植物的种质资源；同时，带回了葡萄、无花果、苹果、石榴、黄瓜、西瓜、芹菜等，丰富了我国园艺植物的种质资源。近代，随着世界贸易的发展，我国蔬菜的品种极大丰富，世界上绝大多数品种的蔬菜在我国都有种植。

在自然生产的条件下，蔬菜的产量受品种、环境条件、栽培措施的制约。自然条件恶劣，蔬菜产量和质量均受到严重的影响。利用设施栽培，既可以抵御自然界不利气象因素（如暴雨、高低温等）的影响，还可以在设施内人为调节影响园艺植物生长的因素，创造园艺植物良好的生长条件，使得蔬菜稳产、高产、优质成为可能，满足人们的消费需求。

在 2 000 多年前的秦朝就能利用保护设施栽培多种蔬菜，在唐代出现了利用天然温泉的热源进行瓜类栽培的记载，随后又创造了很多保护地类型。明清时期采用简易的土温室进行花卉和蔬菜的促成栽培。但是设施栽培作为一种高效的种植业，在我国是20世纪80年代，随着工业的发展及人民生活需求的不断提高，才真正被重视和发展起来。

设施蔬菜逐渐使我国北方地区告别了冬天主要吃大白菜和萝卜的历史，也使我国南方地区冬季的蔬菜品种更加丰富。2013年，全国设施蔬菜面积501.6万 hm^2，产量达到2.6亿t，居世界第一。

第二节　设施蔬菜产业发展的意义和现状

一、设施蔬菜产业发展的意义

设施蔬菜在促进农村农业发展、提高城乡居民生活水平、构建和谐社会等方面体现出越来越积极的意义和作用。一是设施蔬菜栽培摆脱了自然条件的制约，初步实现了"菜篮子"的周年均衡供应，而且通过设施装备与生产工艺的结合，设施蔬菜产业逐渐从单纯的均衡供给向安全、适口、鲜活、多样、持续的功能转变，改变了农产品消费结构，提高了农产品品质和质量安全。二是有利于提高农业生产资源利用率，实行集约化栽培，产量大幅度提高。设施农业通过先进技术、装备、工艺的综合运用，实现了能源的减量化和资源的高效利用，节能、节地、节水、节肥、节药效果显著，促进了农业发展方式从资源依赖型向创新驱动型和生态环保型转变。三是有利于增加农民的生产性收入，单位面积上设施蔬菜的收入是露地栽培的几倍甚至10倍以上，对缓解我国人多地少的矛盾起到了重要作用。四是有利于拓展城镇属地农民的就业渠道。五是有利于增强农业生产的减灾防灾能力。

二、设施蔬菜产业发展的现状

当前，各级政府把"米袋子""菜篮子"作为改善民生和稳定物价的关键措施来抓，并已经纳入政府领导工作目标责任制。地方政府加大组织引导力度，科学制定并实施设施蔬菜发展规划，积极加快设施蔬菜集中区基础设施建设。2010 年，《国务院办公厅关于统筹推进新一轮"菜篮子"工程建设的意见》指出，在大中城市郊区和蔬菜、水果等园艺产品优势产区，支持建设一批设施化、集约化"菜篮子"产品生产基地，重点加强集约化育苗、标准化生产、商品化处理以及病虫害防治、质量检测等方面的基础设施建设，发展园艺产品标准化生产。农业部、财政部自 2011 年开始每年都出台《扶持"菜篮子"产品生产项目实施指导意见》，对于设施蔬菜标准园建设给予资金支持。

虽然目前全国设施蔬菜瓜类产品丰富了淡季蔬菜市场供应，抑制了淡季菜价上涨。但是大城市的蔬菜自给率仍不足 30%，尤其是北方大城市的蔬菜自给率更低。大城市对新鲜蔬菜的需求还远未完全满足，需要进一步发展设施蔬菜，增加淡季蔬菜供应量，丰富市民日常餐桌上的蔬菜品种。

三、设施蔬菜产业发展中存在的问题

蔬菜产业由于生产周期短、商品化程度高、经济效益好而受到高度重视，成为种植业结构调整中最具活力的主导产业。但产业的发展还存在各种问题，有时是天灾人祸导致减产甚至绝收，有时是丰产不丰收，农民的收益与理论计算差距较大。

（1）产业内部种植结构不合理　我国蔬菜生产由于受自然条件的制约，种植品种仍以常规品种为主，产品质量不高，"拳头"产品、名牌产品较少。种植分布上，以各家各户分散种植为主，集中连片少、种植大户少（旺季多、淡季少，直销多、加工少等）。

蔬菜生产基地建设的投入不稳定，生产布局不合理，标准化生产基地不多，生产基地分散，大部分基地的基础设施仍然落后，抵御自然风险能力依然较差。

（2）农民对发展蔬菜产业认识不高　受传统粗放农业生产观念的影响，大部分农民思想观念还比较陈旧，思想保守，对种植蔬菜认识不足，依然种植玉米等大田作物。加之部分农民文化素质不高，对新品种、新技术的接受能力较差，特别是发展设施蔬菜前期投入大而让很多农民望而却步，在一定程度上制约了蔬菜产业进一步发展壮大。

（3）设施蔬菜产业化经营水平不高　设施蔬菜产业化经营水平需进一步提高。我国涌现一些蔬菜产业龙头企业，虽然对推动和发展我国的蔬菜产业起到了一定的辐射带动作用，但是规模还偏小，辐射范围不广，吸纳蔬菜产品进行加工量还很低，生产的大部分蔬菜直接流向市场，缺乏加工转化增值环节，容易受市场价格波动影响，收入不稳定。

（4）销售、信息、服务等体系还不健全　虽然建立了市场发育程度、流通秩序和信息服务等环节，但是，蔬菜销售点多呈零星状分布，缺乏规模大的蔬菜交易市场。农民生产、销售信息不灵通，不能及时根据市场需求而及时调整蔬菜种植生产。同时由于交易地点多而散，管理服务工作很难跟进，欺行霸市现象时有发生。

（5）设施蔬菜质量卫生安全问题依然突出　随着工业化城镇化迅猛发展，环境污染治理滞后，易造成蔬菜生产环境质量降低，加之农民的无公害生产意识低，在生产过程中任意使用农业投入品，使得蔬菜产品的农药残留量、硝酸盐含量等指数严重超标，给消费者的身心健康带来了巨大的威胁，同时也不能适应市场安全、优质的消费要求，一定程度上影响了我国蔬菜产品的外销和出口。

虽然设施蔬菜生产存在一些问题，但通过宏观信息分析、提高栽培技术可缓解。我国设施蔬菜还有进一步发展的前景，需要在种植信息分析、栽培水平提高、设施建设投入加大、销售链组建、一二三产业融合等方面努力，才能不断提高效益和收入水平。

第二章 设施蔬菜栽培的类型

20世纪50年代以前，中国一直沿用风障、阳畦、土温室等简易设施。50年代以后，随着塑料工业的发展，出现塑料大棚。90年代以后，随着人们对新鲜蔬菜需求的不断增长，蔬菜设施类型不断发展，塑料大棚又由竹木结构向竹木水泥结构、钢筋水泥、组装式钢管大棚的方向发展。温室类型由简易日光温室向新型节能日光温室、现代化温室发展。温室环境条件控制由人工操作向自动化控制发展。目前，园艺生产上常用的设施主要有地膜覆盖、小拱棚、塑料大棚、日光温室等。今后随着科学技术进步和社会经济的发展，蔬菜栽培设施还会不断改进，其自动化智能化水平会不断提高。

第一节 蔬菜地膜覆盖栽培技术

地膜覆盖是利用薄膜覆盖于地表或近地表的一种简易栽培方式，所用的薄膜主要是聚乙烯地膜，厚度为0.005~0.015mm。地膜覆盖是现代农业生产中既简单又有效的增产措施，在目前蔬菜生产中广泛采用。

一、常用地膜的种类与性能

（一）透明膜

透明膜的透光性好，一般可使土壤增温2~4℃。常见的透明膜有高压低密度聚乙烯地膜（厚度0.014mm，每公顷用量120~150kg）、低压高密度聚乙烯地膜（厚度0.006~0.008mm 每公顷用量 60~75kg）、线型低密度聚乙烯地膜（厚度 0.005~0.009mm）。蔬菜生产中应根据蔬菜的类型及畦宽选用不同厚度、幅宽的薄膜。生产中最常用的类型。

（二）黑色地膜

黑色地膜透光率在 10% 以下，可使土壤增温 2℃，灭草率 80%~100%，保湿效果好。是在聚乙烯树脂中加入 2%~3% 的炭黑制成，厚度为 0.01~0.03mm，每公顷用量 105~108kg。生产中最常用的类型。

（三）杀草膜

杀草膜是在普通地膜成分中加入除草剂成分制成的地膜，其杀草效果比黑白双重膜更佳。如用于茄科作物，杀草膜能杀死马铃薯、茄子及番茄地里的杂草。生产上常用类型。

此外，还有环保膜、特殊膜等，如绿色膜、黑白双重膜、光降解膜、生物降解膜、银色反光膜等有特殊作用的膜。

二、地膜覆盖形式

（一）地表覆盖

1. 平畦覆盖

即将地膜平铺于栽培畦的表面，多用于育苗。此法比较简单，容易浇水，早期有增温作用，但浇水后易使地膜表面带泥，影响透光，因此后期又有降温作用。

2. 高垄覆盖

高垄覆盖是将畦面做成瓦垄状，垄宽 45~60cm，垄高 10~15cm，垄距依照栽培作物种类确定，一般为 50~70cm，然后将地膜覆盖于垄面上，四周用土压严，每垄单行种植（图 2-1）。

3. 小高畦覆盖

栽培前在田间作小高畦，畦高 10~15cm，畦宽应作物种类和定植密度不同而异，一般宽 100~200cm，平整畦面，然后覆盖地

图 2-1 高垄覆盖

膜。要求地膜能够盖严整个畦面，并且地膜四周用湿润细土压严。在保护地栽培中，利用小高畦地膜覆盖栽培时，为了降低设施内环境湿度，常常在高畦中间顺畦做一条宽 25～30cm、深 15cm 左右的小沟，秧苗定植于小沟两侧，在寒冷季节栽培浇水时，就从这条小沟浇灌。这种浇灌形式，地表不见明水，降低了环境湿度，病害轻，产量高。因此，这条小沟被称为"丰产沟"（图 2-2）。此外，生产实践中对小高畦做了改进，在原有基础上做成了如图 2-3 的样式，这样可以使定植期更加提前，而且缓苗快。

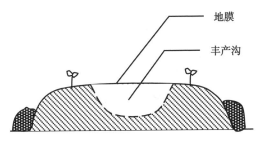

图 2-2 小高畦覆盖

（二）近地面覆盖

1. 沟畦覆盖

这种方法既保苗，又护根，还可以起到早熟、增产的作用。常用于早春栽培甘蓝、花椰菜、菜豆、甜椒、番茄、黄瓜等蔬菜。其具体做法是，将栽培畦做成沟状，将栽培作物播种或定植于沟内，然后在沟上覆盖地膜，幼苗在地膜下生长，待苗接触地膜时，去掉

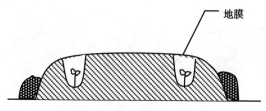

图 2-3 改良高畦覆盖

地膜或在地膜上打洞，将苗引出（图 2-4）。

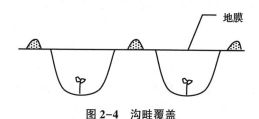

图 2-4 沟畦覆盖

2. 拱架覆盖

首先做高畦，然后在畦内种植蔬菜，在畦的两边用细竹片等做成拱架，将地膜覆盖于拱架上，四周用土封严（图 2-5）。

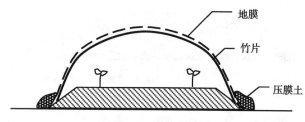

图 2-5 拱架覆盖

（三）地膜双层覆盖

所谓地膜双层覆盖就是将地膜地表覆盖和地膜近地面覆盖结合起来使用的一种覆盖方式。此方式与前两者相比，保温、增温作用明显提高。该地膜覆盖法抗风能力差，在露地很少使用，主要结合塑料大中棚、温室进行多层覆盖或临时防寒时使用（图2-6）。

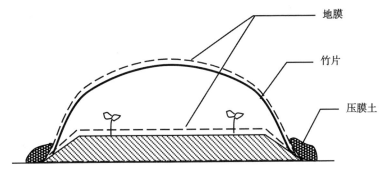

图2-6　地膜双覆盖

地膜栽培在蔬菜生产中应用广泛，一般可使蔬菜增产30%~70%。但目前地膜覆盖栽培中也存在一些问题，如多年地膜栽培，残膜清除不净，造成土壤污染，贫瘠土地因后期补肥不便，造成缺肥，刮大风时地膜被吹破、刮跑等。

三、地膜覆盖效应

（一）增温保墒作用

地膜覆盖可以提高地温，春季低温期可以使1~10cm的土层温度提高3~6℃，最高可达10℃以上。高温季节，如没有遮阴，膜下温度高达50~60℃，但在遮阴情况下，膜下只比露地高1~5℃，土壤湿度大时，只比露地土温高0.5~1.0℃。地膜覆盖的增温效果受很多因素影响，例如季节、天气、畦面高度、地膜覆盖方式等。

地膜覆盖后，阻碍了土壤表面水分的蒸发，降低了土壤水分的散失，维持了土壤含水量的稳定性，具有保墒的作用。调查表明，盖膜比不盖膜土壤耕层含水量提高4%~6%。而在多雨地区，可以阻止雨水向土中渗透降低土壤的含水量，具有防涝的作用。同时，可以防止雨水对土壤的冲刷，减少土壤流失。

（二）提高土壤养分含量

覆盖地膜能够提高土壤养分含量，一是减少了雨水冲淋和不合理灌溉所造成的土壤中肥料流失；二是由于膜下土壤温湿度适宜，微生物活动旺盛，可加速土壤中有机物质的分解转化，提高速效性氮、磷、钾的含量。

（三）改善土壤理化性状

地膜覆盖能防止土壤板结，保持土壤疏松和良好的通气性，能促进植株根系的生长发育。据测定，盖膜后土壤孔隙度增加 4% ~ 10%，容重减少，根系的呼吸强度有明显增加。

（四）降湿防病作用

不论露地覆盖地膜还是设施内覆盖地膜，都能起到降低空气相对湿度的作用，由于地膜覆盖可以降低空气湿度，故可以抑制或减轻高湿病害的发生。

此外，覆盖地膜还具有杀草作用，若采用黑色地膜或杀草膜，除草的效果更突出。

第二节　塑料小拱棚

（一）塑料小拱棚的类型和结构

塑料小拱棚有拱圆棚、半拱圆棚、风障棚、双斜面棚等多种形式（图 2-7），以拱圆棚和半拱圆棚最常见。

1. 拱圆形小拱棚

这是园艺作物生产上应用最多、最早的一种棚型，其骨架主要采用毛竹片、细竹竿、荆条或 6~8mm 的钢筋弯成弓形棚架，高度 1m 左右，宽 1.5~2.5m，长度依地而定，拱杆间距 40cm 左右，全部拱杆插完后，绑 3 ~ 4 道横拉杆，使骨架连成整体。上覆盖 0.05~0.10mm 厚聚氯乙烯或聚乙烯薄膜，外用 8#铁丝、压膜线或尼龙绳固定棚膜而成。因小棚多用于冬春生产，宜建成东西向延

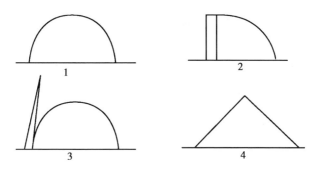

图 2-7　塑料小拱棚的主要类型

1. 拱圆棚；2. 半拱圆棚；3. 风障棚；4. 双斜面棚

长。为了加强防寒保温，棚的北面可加设风障，夜间在棚面上加盖草苫等防寒物。

2. 半拱圆形小拱棚

即在菜畦北侧筑起约 1m 高，上宽 30cm，下宽 40~50cm 的土墙，拱架一端固定在土墙上，另一端插在畦南侧土中。一般无立柱，跨度大（2~3m）时中间可设 1~2 排立柱，以支撑棚面及负荷草苫。放风口设在棚的南面腰部，采用扒缝放风，棚的方向以东西延长为好。

（二）小拱棚的性能

小拱棚的气温增温速度较快，最大增温能力可达 20℃ 左右，在高温季节容易造成高温危害；但降温速度也快，有草苫覆盖的半拱圆形小棚的保温能力仅有 6~12℃。小拱棚内地温变化与气温变化相似，但不如气温剧烈。一般棚内地温比露地高 5~6℃。棚内相对湿度可达 70%~100%；白天通风时，相对湿度可保持在 40%~60%，平均比外界高 20% 左右。

（三）小拱棚的应用

小拱棚主要用作春提早定植果菜类蔬菜和早春育苗；秋延后或越冬栽培耐寒蔬菜。

第三节　塑料大棚

塑料大棚简称大棚，是 20 世纪 60 年代中期发展起来的园艺设施，与玻璃温室相比，具有结构简单，一次性投资少，有效栽培面积大，作业方便等优点。

大棚在中国长江以南可用于一些花卉的周年生产，而在北方常用于观赏植物、蔬菜的春提前、秋延后生产。此外，大棚还用于观赏植物的种苗培育如播种、扦插及组培苗的过渡培养，与露地育苗相比具有出苗早、生根易、成活率高、生长快、种苗品质高等优点。

大棚的种类很多，其结构与性能也有所不同。

（一）塑料大棚的结构

塑料大棚的方位一般为南北延长，一栋大棚的纵长 30~50m，跨度 6~12m，脊高 1.8~3.2m，占地面积 180~600m^2。

1. 结构组成

大棚主要由骨架和透明覆盖材料组成。骨架又由立柱、拱杆（架）、拉杆（纵梁）、压杆（压膜绳）等部件组成。塑料大棚结构各部位名称如图 2-8 所示。

（1）立柱　主要用来固定和支撑棚架、棚膜，并可承受风雨雪的压力。因此，立柱埋设时要竖直，埋深约为 50cm。由于棚顶重量较轻，立柱不必太粗，但要用砖、石等做基础，也可用横向连接，以防大棚下沉或拔起。但是，以钢筋或薄壁钢管为骨架材料的大棚一般采用桁架式拱架，或桁架式拱架与单拱架相间组成，无需立柱，构成无柱式大棚。

（2）拱杆（拱架）　拱杆是支撑棚膜的骨架，横向固定在立柱上，东西两端埋入地下 50cm 左右，呈自然拱形。相邻两拱杆的间距为 0.5~1.0m。其结构有"落地拱"和"柱立拱"两种。"落地拱"是拱架直接座落在地基或基础墩上，拱架承受的重量落在

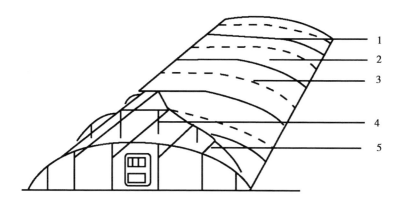

1
2
3
4
5

图 2-8　塑料大拱棚的基本结构

1. 压杆；2. 棚膜；3. 拱架；4. 立柱；5. 拉杆

地基上，受力情况优于柱立拱。常见的拱架结构有下面四种形式：

①单杆拱。即拱杆用单根竹竿、钢材、钢管等作成，中间落在立柱或纵梁的小柱上，两端插入地中。

②平面拱架。平面拱架分为上弦、下弦及中间的拉花（腹杆）。上、下弦用直径为 10～14mm 的钢筋，或用 1.27cm、1.91cm 的管材，拉花用直径 6～10mm 的钢筋与上下弦焊接成形，上、下弦相距 20～30cm。平面拱架用材较少，但在负荷较重或焊接不牢时，容易失稳变形，甚至断裂。

③三角拱架。分为正三角形（上弦杆 1 根，下弦杆 2 根）及倒三角形（上弦 2 根，下弦 1 根两种）。其中正三角形的相对比较稳定，并对薄膜的损坏较轻。三角拱架虽然用材较多，但坚固不易变形。

④屋脊型拱架。上弦为拱圆形架（或人字形），下弦为水平架，腹间以立人和寡柱支撑。这种棚架跨度不宜太宽，一般跨度为 4～8m。

（3）拉杆（纵梁）　拉杆用于纵向连接立柱和固定拱杆，使大棚整体加固稳定。如果拉杆失稳，则会发生骨架变形、倒塌。拉杆的常见结构形式有单杆梁、桁架梁、悬索梁。

（4）压杆或压膜线　棚架覆盖薄膜后，于2根拱杆之间加上1根压杆或压膜线，以使棚膜压平、绷紧。压杆须稍低于拱杆，使大棚的覆盖薄膜呈瓦楞状，以利排水和抗风。压杆可使用通直光滑的细竹竿，也可用8号铁丝、包塑铁丝、聚丙烯线、聚丙烯包扎绳等。

（5）棚膜　棚膜覆盖在棚架上，一般是塑料薄膜，常见的塑料薄膜及其特点如下：

目前，生产中一般采用聚氯乙烯（PVC）、聚乙烯（PE）和乙烯-醋酸乙烯共聚物（EVA）膜，氟质塑料（F-clean）质量虽好但价格昂贵。普通PVC膜的特点是保温性强，易黏接，但比重大，成本高，低温下变硬，易脆化，高温下易软化吸尘，废膜不能燃烧处理。PE膜质轻柔软无毒，但耐热性与保温性较差，不易黏接。生产中为改善普通PVC、PE膜的性能，在普通膜中常加入防老化、防滴、防尘和阻隔红外线辐射等助剂，使之具有保温、无滴、长寿等性能，有效使用期可从4~6个月延长至12~18个月。EVA膜作为新型覆盖材料也逐步应用于生产，其保温性介于PE和PVC之间；防滴性持效期达4~8个月，透光性接近PE，且透光衰减慢于PE。在覆膜前，根据需要将塑料薄膜用电熨斗焊接成几大块。覆膜时一定要选择无风的晴天，覆膜后应马上布好压膜线，并将薄膜的近地边埋入土中约30cm加以固定。

（6）门窗　门设在大棚的两端，作为出入口及通风口。门的下半部应挂半截塑料门帘，以防早春开门时冷风吹入。

通风窗设在大棚两端，门的上方，通常有排气扇。在中国北方地区很少用通风窗而多设通风口进行"扒缝放风"，这种方法比较简单且效果较好。通风口的位置决定于覆膜的方式，若用2块棚膜覆盖则将大棚顶部相接处作为通风口；用3块棚膜覆盖时，两肩相接处为通风口；用4块棚膜覆盖时，通风口为顶部及两肩共三道，通风口处各幅薄膜应重叠40~50cm。

（7）天沟　连栋大棚在两栋连接处的谷部要设置天沟，即用薄钢板或硬质塑料做成落水槽，以排除雪水及雨水。天沟不宜过大，以减少棚内的遮阴面。

2. 大棚的结构类型

依照建棚所用的材料不同，可分为下列几种结构类型。

（1）竹木结构　初期的一种大棚类型，但目前在农村仍普遍采用。大棚的立柱和拉杆使用的是硬杂木、毛竹竿等，拱杆及压杆等用竹竿（图2-9）。竹木结构的大棚造价较低，但使用年限较短，又因棚内立柱较多，操作不便，且遮阴，严重影响光照。

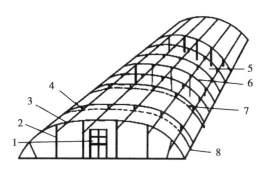

图2-9　竹木结构大棚

1. 门；2. 立柱；3. 拉杆（纵向拉梁）；4. 吊柱；

5. 棚膜；6. 拱杆；7. 压杆（或压膜线）；8. 地锚

（2）混合结构　这种大棚选用竹木、钢材、水泥构件等多种材料混合构建骨架。拱杆用钢材或竹竿等，主柱用钢材或水泥柱，拉杆用竹木、钢材等。例如，拉筋吊柱大棚用竹竿做拱杆，水泥柱作立柱，钢筋作拉杆（图2-10），也是一种钢竹混合结构。一般跨度12m左右，长40~60m，矢高2.2m，肩高1.5m。水泥柱间距2.5~3m，水泥柱用6号钢筋纵向连接成一个整体，在拉筋上穿设2.0cm长吊柱支撑拱杆，拱杆用3cm左右的竹竿，间距1m。

設施蔬菜生产经营

优点是建筑简单，用钢量少，支柱少，减少了遮光，作业也比较方便，而且夜间有草帘覆盖保温，提早和延晚栽培果菜类效果好。且仍具有较强的抗风载雪能力，造价较低。

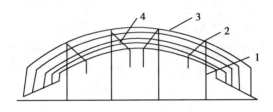

图 2-10 拉筋吊柱大棚
1. 水泥柱；2. 吊柱；3. 拱杆；4. 拉筋（拉杆）

（3）钢架结构　大棚的骨架采用轻型钢材焊接成单杆拱、桁架或三角形拱架或拱梁，并减少或消除立柱（图2-11）。这种大棚抗风雪力强，坚固耐久，操作方便，是目前主要的棚型结构。但钢结构大棚的费用较高，且因钢材容易锈蚀，需采用热镀锌钢材或定期采用防锈措施来维护。

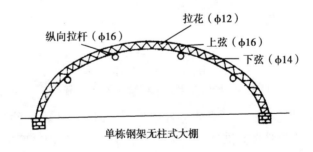

图 2-11 钢架大棚结构示意图
1. 下弦；2. 上弦；3. 纵拉杆；4. 拉花

（4）装配式钢管结构　因为塑料大棚中湿度较大，钢铁容易腐蚀，所以要用镀锌钢管。装配式大棚结构的大棚骨架、拱杆、纵向拉杆、端头立柱均为薄壁钢管，并用专用卡具连接形成整体，所有杆件和卡具均采用热镀锌防锈处理，为工厂化生产的工业产品，已形成标准、规范的20多种系列产品。我国镀锌钢管装配式大棚最早是由中国农业工程研究设计院于1982年设计定型，目前生产中大面积应用的装配式镀锌薄壁钢管大棚主要以GP622、GP728、GP732和GP825型为主（表2-1），这种大棚跨度4～12m，肩高1～1.8m，脊高2.5～3.2m，长度20～60m，拱架间距0.5～1m，纵向用纵拉杆（管）连接固定成整体。可用卷膜机卷膜通风、保温幕保温、遮阳幕遮阳和降温。这种大棚为组装式结构，建造方便，并可拆卸迁移，棚内空间大、遮光少、作业方便；有利作物生长；构件抗腐蚀、整体强度高、承受风雪能力强，使用寿命可达15年以上，是目前最先进的大棚结构形式。

表2-1　GP系列镀锌钢管装配式大棚骨架规格

型号	结构尺寸（m）					结　　构
	长度	宽度	高度	肩高	拱架间距	
GP-Y8-1	42	8.0	3.0	0	0.5	单拱，5道纵梁，2道纵卡槽
GP-Y825	42	8.0	3.0	—	0.5	单拱，5道纵梁，2道纵卡槽
GP-Y8.525	39	8.5	3.0	1.0	1.0	单拱，5道纵梁，2道纵卡槽
GP-C1025-S	66	10.0	3.0	1.0	1.0	双拱，上圆下方，7道纵梁
G-C1225-S	55	12.0	3.0	1.0	1.0	双拱，上圆下方，7道纵梁，1道加固立柱
GP-C625-II	30	6.0	2.5	1.2	0.65	单拱，3道纵梁，2道纵卡槽
GP-C825-II	42	8.0	3.0	1.0	0.5	单拱，5道纵梁，2道纵卡槽

第四节　日光温室

日光温室便于调控温度、光照、湿度等环境因素，抗灾能力强，推广应用日益普遍。日光温室在中国北方多用，在我国黄淮海地区有较大的面积，温室方位一般东西延长，坐北朝南，或南偏

设施蔬菜生产经营

东、南偏西，但不宜超过 10°。长度一般为 40~60m，跨度 5.5~8m，脊高 2.2~3.5m。东西北三面为不透光的墙，仅有南面为透明物覆盖。透明覆盖材料为玻璃和塑料薄膜，因玻璃成本高、自重大，除科研和观光的高大温室使用玻璃外，绝大多数日光温室使用塑料薄膜为透光、保温的覆盖材料。日光温室骨架材料有竹木材料、钢筋混凝土材料、钢木混合材料或钢材。墙体可分为土墙、砖墙、石墙等。高纬度地区的日光温室在冬季严寒时期需要加温。20世纪 80 年代中期在中国发展起来的节能型日光温室使得中国北纬 32°~41°乃至 43°以上的严寒地区，在不用人工加温或仅有少量加温的条件下，实现了严冬季节喜温园艺植物的生产，成为具有中国特色的园艺设施。

一、日光温室的构造类型——半拱圆形日光温室

半拱圆形日光温室可分矮后墙、长后坡半拱圆形日光温室，高后墙短后坡半拱圆形日光温室和高后墙无后坡半拱圆形日光温室。

1. 矮后墙长后坡半拱圆形日光温室（图 2-12）

这种温室的跨度一般 5.5~6.5m，中脊高 2.7~3m，后墙高 0.6~1.8m，长 40~60m，后坡长 2~3m（后坡长会因后墙增高而变短，后墙高 1.8m 左右时，后坡长只有 2m）。后屋面骨架由桁和檩构成，桁间距离 3m，桁上横担 3~4 道檩，其中桁头上为脊檩，以下为腰檩。檩上铺放整捆玉米秸或高粱秸，上抹两遍草泥，再铺放一层碎草，而后用玉米秸捆封压住，使后屋面的厚度达 60~70cm。前坡设拱，拱是用 2 根竹片或竹竿搭接而成。拱上覆盖塑料薄膜，用压膜线压紧。夜间覆盖纸被、草苫等防寒保温。

这一类型日光温室的优点是取材方便、造价较低、保温性能好，特别是遇到寒流强降温或连阴雾天时，保温效果十分明显。如果建成半地下式，在高寒地区冬季仍可进行喜温蔬菜生产。其缺点是后部弱光区面积大，土地利用率低。但良好的采光和保温性能，足以弥补种植面积的不足。

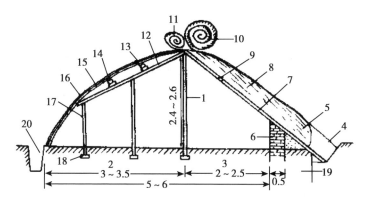

图 2-12　长后坡矮后墙半拱圆形塑料薄膜日光温室（单位：m）

1. 脊柱；2. 脊柱前部；3. 脊柱后部；4. 后防寒沟；5. 防寒土；6. 后墙；7. 柁；8. 后坡覆盖物9. 檩；10. 草苫；11. 纸被；12. 拱杆架梁；13. 横向连接梁；14. 吊柱；15. 拱杆；16. 薄膜；17. 前支柱；18. 基石；19. 后墙外填土；20. 前防寒沟

2. 高后墙短后坡半拱形日光温室

温室跨度 6m 以上，脊高 2.8m，后墙高 1.8m 以上，后屋面长 1.5m 左右，地面水平投影宽为 1~1.2m，或脊高为 3.1m 以上，后墙高 2m 以上的高后墙短后坡塑料日光温室（图 2-13）。

由于增加了前坡采光屋面的长度，缩短了后坡，提高了中脊，温室的透光率和透光量得到提高，对春夏季果菜蔬菜生产明显有利。但是建造后墙用工用料多，夜间温度下降快，保温不如长后坡矮后墙日光温室。因其结构合理无立柱，操作管理方便，使用面积加大，目前已在很多地方推广应用，并且这类温室还在不断改进。主要在河北、北京和山西的部分地区推广，中国农业大学富通公司在北京郊区推广了一批该类型的日光温室。

3. 一斜一立式日光温室

前采光屋面为两折式，即有一个斜面天窗和一个立面地窗的温室叫一斜一立式日光温室（图 2-14）。目前有普通型、琴弦式、天

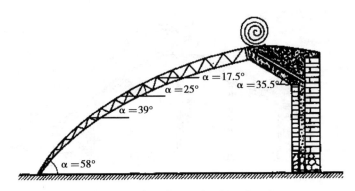

图 2-13　高后墙短后坡塑料日光温室

窗微拱和地窗微拱等 4 个有代表性的类型。

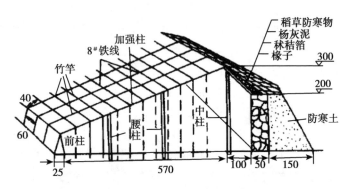

图 2-14　一斜一立式日光温室（单位：cm）

　　一斜一立式日光温室是 20 世纪 90 年代初期，随着越冬一大茬黄瓜栽培技术的推广而被广泛采用的。它的优点是室内光照相对比较均匀，主要问题是天窗采光角度小、前底脚低矮、压膜线不易压紧棚膜、升温快但保温差，采用外 0.12mm 厚的聚氯乙烯薄膜在一定程度上弥补其保温能力的不足，但这种温室目前已被逐渐淘汰。因建造成本较低，在一些地方如鲁西南地区仍在发展中，而且跨度还在继续加大中。

二、日光温室的建造原则

一是结构性能优良。便于调控温度、光照、湿度等环境因素，抗灾能力强。

二是节约建造成本。在保障温室使用安全的前提下，尽量节约土地和建造费用。选择成本较低的日光温室，应是普通菜农的首选，投资成本高的高大日光温室，也可作为农业采摘和农业观光旅游设施。

三是便于操作。建造的日光温室要方便操作和管理。

四是因地制宜。日光温室建造要结合当地条件，做到因地制宜。

第三章 设施蔬菜育苗与嫁接技术

为了获得高质量种苗和高效率利用设施条件，塑料大棚、日光温室等一般要在定植前进行育苗，有时会采用嫁接、无土栽培方法来获得高质量的蔬菜瓜果种苗。

第一节 育苗方式

一、育苗方法的分类

蔬菜育苗方式多种多样，各有特点。

依育苗场所及育苗条件，可分为设施育苗和露地育苗；设施育苗依育苗场所还可细分为温室育苗、温床育苗、冷床育苗、塑料薄膜拱棚育苗等。

依温光管理特点又可细分为增温育苗及遮阳降温育苗。

依育苗所用的基质，可分为床土育苗、无土育苗和混合育苗；无土育苗又可分为基质培育苗、水培育苗、气培育苗等；基质培育无土育苗又依基质的性质分为无机基质（炉渣、蛭石、沙、珍珠岩等）育苗和有机基质（碳化稻壳、锯末、树皮等）育苗。

依育苗用的繁殖材料，可分为播种育苗、扦插育苗、嫁接育苗、组培育苗等。

依护根措施，可分为容器护根育苗、营养土块育苗等；容器护根育苗依容器的结构分为普通（单）容器育苗和穴盘育苗。

实际中的育苗方法，常是几种方式的综合。

二、育苗技术概述

(一) 遮阳育苗法

技术难度不大，在高温强光季节育苗效果显著。遮阳可用固定设施，例如温室外加盖遮阳帘或黑网纱，也可用临时设施，如一般遮阳棚等；遮阳设施又可分完全保护（遮阳、防雨、防虫）或部分保护（遮阳）。遮阳育苗法不仅适用于芹菜、大白菜、甘蓝、莴苣等喜冷凉蔬菜的夏季育苗，也可用于番茄、辣椒、黄瓜的秋延后栽培的育苗。其主要关键技术：选择通风、干燥、排水良好地块建筑苗床；保持较大的幼苗营养面积并切实改善秧苗的矿质营养条件；掌握遮阳适度，特别是果菜类蔬菜幼苗，以中午前后遮强光为主，光照过弱会降低秧苗质量；结合喷水，防虫降温，必要时可用药剂防治病虫害等。

(二) 床土育苗法

床土育苗法是一种普遍采用的传统育苗方法。其突出优点是就地取土比较方便；土壤的缓冲性较强，不易发生盐类浓度障碍或离子毒害；营养较全，不易出现明显的缺素障碍等。如果床土配制合理，能获得很好的育苗效果。缺点是需要用大量的有机质或腐熟有机肥配制床土；苗带土重量大，增加秧苗搬运负担，很难长途运输；床土消毒难度较大。因此，适合于小规模和就地育苗，难以实现种苗产业化。在应用床土育苗法时，应特别注意床土的物理性改良，主要营养成分的供给，根系的保护等措施。

(三) 无土育苗法

无土育苗法是应用一定的育苗基质和人工配制的营养液代替床土进行育苗的方法，又称营养液育苗。与床土育苗比较，具有以下优点：由于选用的基质通气保水条件好，营养及水分供给充足，秧苗根系发育好，生长速度快，秧苗素质好，可缩短育苗期，促进早熟丰产；可免去大量取土造成的搬运困难，基质重量轻，便于长途运输，为集中的现代化育苗创造有利条件；有利于实现育苗的标准化管理；可减轻土传病害发生。但是，无土育苗的成功必须抓住基质的选择、营养液的配制、供给等技术环节的标准化管理，并应有相应的设施设备以保证技术的有效实施，否则容易出现育苗的失误甚至失败。

（四）扦插育苗法与嫁接育苗法

扦插育苗是利用蔬菜部分营养器官如侧枝、叶片等，经过适当的处理，在一定条件下促使发根、成苗的一种方法。这种无性繁殖方法多用于特殊需要的科研和生产中，如白菜、甘蓝腋芽扦插繁种、番茄侧枝扦插快速成苗等。其突出优点是能够保持种性，显著缩短育苗期，方法简便，易于掌握，且有利于多层立体育苗的实现。但由于育苗量受到无性繁殖器官来源的限制，在发根期间对条件要求较为严格，一般只适用于小批量生产或特殊需要的场合。扦插育苗法的技术关键在于促进发根，应保持适宜的温度及较高的空气湿度，还可用生长素处理（萘乙酸 500mg/L 或吲哚乙酸 1 000 mg/L），促进生根。可以用床土、水、空气或炉渣、沙粒等作为基质扦插育苗，在发根过程中不需供给营养，但需保证必要的水分；在发根期间（一般为 3d 左右）如光照过强可适当遮阳。发根后秧苗培育阶段与一般育苗相同。

第二节　设施育苗技术

我国北方地区冬、春季节进行蔬菜育苗时，外界温度较低，需借助一些设施增温，才能达到较好的育苗效果。根据蔬菜种类和幼苗生长发育特点，来选用合适的设施、设备是育苗成败的关键。

一、苗床播种

1. 播种日期的确定

一般是根据当地的适宜定植期和适龄苗的成苗期来确定，即从适宜定植期起按某种蔬菜的日历苗龄向前推算播种期。例如，河南日光温室春茬番茄一般在 2 月上旬至 3 月上旬定植，育成适合定植的具有 8~9 片叶的秧苗需 60~80d。一般应在 11 月下旬至 12 月下旬播种。

2. 播前先对种子进行处理

低温期选晴暖的上午播种。播前浇足底水，水渗下后，在床面薄薄撒盖一层育苗土，防止播种后种子直接沾到湿漉漉的畦土上，发生糊种。小粒种子用撒播法，大粒种子一般点播。瓜类、豆类种子多点播，如采用容器育苗应播于容器中央，瓜类种子应平放，不要立插种子，防止出苗时将种皮顶出土面并夹住子叶，即形成"戴帽"苗（图 3-1）。催芽的种子表面潮湿，不易撒开，可用细沙或草木灰拌匀后再撒。播后覆土，并用薄膜平盖畦面。

（a）黄瓜　　　　　　　　　（b）番茄

图 3-1　黄瓜、番茄子叶戴帽苗与正常脱壳苗比较

1. 子叶戴帽苗；2. 子叶正常脱壳苗

二、苗期管理

苗期管理是培育壮苗的最重要环节。苗期管理的任务是创造适宜于幼苗生长发育的环境条件，并通过控制各种条件协调幼苗的生长发育。

1. 温度管理

苗期温度管理的重点是掌握好"三高三低"，即"白天高，夜间低；晴天高，阴天低；出苗前、移苗后高，出苗后、移苗前和定植前低"。各阶段的具体管理要点如下。

（1）播种至第一片真叶展出出苗前温度宜高，关键是维持适宜的土温。果菜类应保持 25~30℃，叶菜类 20℃ 左右。当 70% 以上幼苗出土后，为促进子叶肥厚、避免徒长、利于生长点分化，应撤除薄膜以适当降温。将白天和夜间的温度分别降低 3~5℃，防止幼苗的下胚轴旺长，形成高脚苗。若发现土面裂缝及出土"戴帽"时，可撒盖湿润细土，填补土缝，增加土表湿润度及压力，以助子叶脱壳。

（2）第一片真叶展出至分苗第一片真叶展出后，白天应保持适温，夜间则适当降低温度，使昼夜温差达到 10℃ 以上，以提高果菜的花芽分化质量，增强抗寒性和坑病性。分苗前一周降低温度，对幼苗进行短时间的低温锻炼。

（3）分苗至定植分苗后几天里为促进根系伤口愈合与新根生长，应提高苗床温度，促早缓苗，白天适宜温度为 25~30℃，夜间为 20℃ 左右。缓苗后降低温度，以利于壮苗和花芽分化。果菜类白天为 25~28℃，夜间为 15~18℃；叶菜类白天为 20~22℃，夜间为 12~15℃。定植前 7~10d，应逐渐降低温度，进行低温锻炼以增强幼苗耐寒及抗旱能力。果菜类白天降到 15~20℃，夜间为 5~10℃；叶菜类白天为 10~15℃，夜间为 1~5℃。

注：各种蔬菜幼苗期温度管理大体都经过这几个阶段，只是不同作物、不同时期育苗，其具体温度指标有所不同。

2. 湿度管理

育苗期间的湿度管理，可按以下几个阶段进行。

（1）播种至分苗播种前浇足底水后，到分苗前一般不再浇水。当大部分幼苗出土时，将苗床均匀撒盖一层育苗土，保湿并防止子叶"戴帽"出土，形成"戴帽"苗。齐苗时，再撒盖一次育苗土。此期间，如果苗床缺水，可在晴天中午前后喷小水，并在叶面无水珠时撒土，压湿保墒。

（2）分苗前 1d 浇透水，以利起苗，并可减少伤根。栽苗时要注意浇足稳苗水，缓苗后再浇一透水，促进新根生长。

（3）分苗至定植期适宜的土壤湿度以地面见干见湿为宜。对于秧苗生长迅速、根系比较发达、吸水能力强的蔬菜，如番茄、甘蓝等为防其徒长，应严格控制浇水。对秧苗生长比较缓慢、育苗期间需要保持较高温度和湿度的蔬菜，如茄子、辣椒等，水分控制不宜过严。

床面湿度过大时，可采取以下措施降低湿度：一是加强通风，促进地面水分蒸发；二是向畦面撒盖干土，用干土吸收地面多余的水分；三是勤松土。

3. 光照管理

低温期改善光照条件可采用以下措施。

（1）经常保持采光面清洁，可保持较高的透光率。

（2）做好草苫的揭盖工作，在满足保温需要的前提下，尽可能地早揭、晚盖草苫，延长苗床内的光照时间。

（3）搞好间苗和分苗，秧苗密集时，互相遮阴，会造成秧苗徒长，应及时进行间苗或分苗，以增加营养面积，改善光照条件。

4. 分苗管理

一般分苗 1 次。不耐移植的蔬菜如瓜类，应在子叶期分苗，茄果类蔬菜可稍晚些，一般在花芽分化开始前进行。宜在晴天进行，地温高，易缓苗。分苗方法有开沟分苗、容器分苗和切块分苗。早春气温低时，应采用暗水法分苗，即先按行距开沟、浇水，并边浇水边按株距摆苗，水渗下后覆土封沟。高温期应采用明水法分苗，即先栽苗，全床栽完后浇水。

分苗后因秧苗根系损失较大，吸水量减少，应适当浇水，防止萎蔫，并提高温度，促发新根。光照强时，应适当遮阴。

5. 其他管理

在育苗过程中，当幼苗出现缺肥症状时，应及时追肥。追肥以施叶面肥为主，可用 0.1% 尿素或 0.1% 磷酸二氢钾等进行叶面喷肥。

苗期追施二氧化碳，不仅能提高苗的质量，而且能促进果菜类的花芽分化，提高花芽质量。适宜的二氧化碳施肥浓度为 800 ~ 1 000mL/m³。

定植前的切块和囤苗能缩短缓苗期，促进早熟丰产。一般囤苗前 2d 将苗床灌透水，第 2d 切方。切方后，将苗起出并适当加大苗距，放入原苗床内，以湿润细土弥缝保墒进行囤苗。囤苗时间不可过长（7d 左右），囤苗期间要防淋雨。

第三节　嫁接育苗技术

嫁接育苗是把要栽培蔬菜的幼苗、苗穗（即去根的蔬菜苗）或从成株上切下来的带芽枝段，接到另一野生或栽培植物（砧木）的适当部位上，使其产生愈合组织，形成一株新苗。

蔬菜嫁接育苗，通过选用根系发达及抗病、抗寒、吸收力强的砧木，可有效避免和减轻土传病害的发生和流行，并能提高蔬菜对肥水的利用率，增强蔬菜的耐寒、耐盐等方面的能力，从而达到增加产量、改善品质的目的。

一、主要嫁接方法

蔬菜的嫁接方法比较多，常用的主要有靠接法、插接法和劈接法等几种。靠接法主要采取离地嫁接法，操作方便，同时蔬菜和砧木均带自根，嫁接苗成活率也比较高。靠接法的主要缺点是嫁接部位偏低，防病效果较差，主要用于不以防病为主要目的的蔬菜嫁接，如黄瓜、丝瓜、西葫芦等。插接法的嫁接部位高，远离地面，防病效果好，但蔬菜采取断根嫁接，容易萎蔫，成活率不易保证，主要用于以防病为主要目的的蔬菜嫁接，如西瓜、甜瓜等。由于插接法插孔时，容易插破苗茎，因此苗茎细硬的蔬菜不适合采用。劈接法的嫁接部位也比较高，防病效果好，但对蔬菜接穗的保护效果不及插接法的好，主要用于苗茎细硬的蔬菜防病嫁接，如茄果类蔬菜嫁接。

二、嫁接砧木

嫁接砧木的基本要求是：与蔬菜的嫁接亲和性强并且稳定，以保证嫁接后伤口及时愈合；对蔬菜的土传病害抗性强或免疫，能弥补栽培品种的性状缺陷；能明显提高蔬菜的生长势，增强抗逆性，对蔬菜的品质无不良影响或不良影响小。目前，蔬菜上应用的砧木主要是一些蔬菜野生种、半栽培种或杂交种。

主要蔬菜常用嫁接砧木与嫁接方法见表3-1。

表 3-1　主要蔬菜常用嫁接砧木与嫁接方法

蔬菜名称	常用嫁接砧木	常用嫁接方法	主要嫁接目的
黄瓜、丝瓜、西葫芦、苦瓜等	黑籽南瓜、杂交南瓜	靠接法、插接法	低温期增强耐寒能力
西瓜	瓠瓜、杂交南瓜	插接法、劈接法	防病
甜瓜	野生甜瓜、黑籽南瓜	插接法、劈接法	防病
番茄	野生番茄	靠接法、劈接法	防病
茄子	野生茄子	靠接法、劈接法	防病

三、嫁接前准备

1. 嫁接场地

蔬菜嫁接应在温室或塑料大棚内进行，场地内的适宜温度为25~30℃、空气湿度为90%以上，并用草苫或遮阳网将地面遮成花荫。

2. 嫁接用具

嫁接用具主要有刀片、竹签、托盘、干净的毛巾、嫁接夹或塑料薄膜细条、手持小型喷雾器和酒精（或1%高锰酸钾溶液）。

四、嫁接技术操作要点

1. 靠接法操作要点

靠接法应选苗茎粗细相近的砧木和蔬菜苗进行嫁接。如果两苗的茎粗相差太大,应错期播种,进行调节。靠接过程包括砧木苗去心、砧木苗茎切削、接穗苗茎切削、切口接合及嫁接部位固定等几道工序(图3-2)。

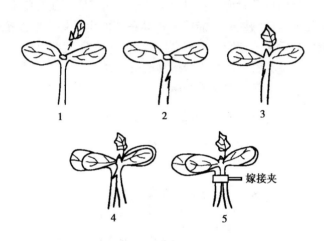

图3-2 靠接过程

1. 砧木苗去心;2. 砧木苗茎切削;3. 接穗苗茎切削;

4. 切口接合;5. 嫁接部位固定

2. 插接法操作要点

普通插接法所用的砧木苗茎要较蔬菜苗茎粗1.5倍以上,主要是通过调节播种期使两苗茎粗达到要求。插接过程包括砧木去心、插孔、蔬菜苗切削、插接等几道工序,见图3-3。

3. 劈接法操作要点

劈接法对蔬菜和砧木的苗茎粗细要求不甚严格,视两苗茎的粗细差异程度,一般又分为半劈接(砧木苗茎的切口宽度为苗茎粗度的1/2左右)和全劈接两种形式。砧木苗茎较粗、蔬菜苗茎较细时采用半劈接;砧木与接穗的苗茎粗度相当时用全劈接。劈接法的操作过程包括砧木苗茎去心、劈接口、插接、固定接口等几道工序(图3-4)。

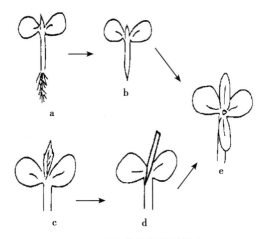

图 3-3　瓜类蔬菜幼苗插接法

a. 适龄接穗苗；b. 削接穗；c. 适龄砧木苗；d. 插入竹签；e. 嫁接苗

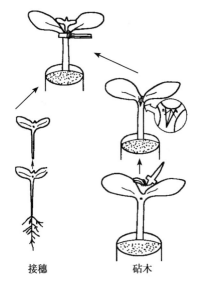

接穗　　　　　砧木

图 3-4　瓜类蔬菜幼苗劈接法

4. 斜切接法操作要点

多用于茄果类嫁接，又叫贴接法。当砧木苗长到 5~6 片真叶时，保留基部 2 片真叶，从其上方的节间斜切，去掉顶端，形成 30°左右的斜面，斜面长 1.0~1.5cm。再拔出接穗苗，保留上部 2~3 片真叶和生长点，从第 2 片或第 3 片真叶下部斜切 1 刀，去掉下端，形成与砧木斜面大小相等的斜面。然后将砧木的斜面与接穗的斜面贴合在一起，用嫁接夹固定（图 3-5）。

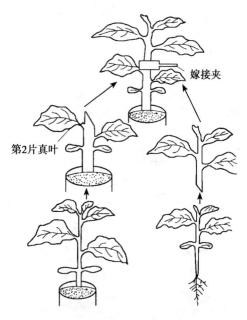

嫁接夹

第2片真叶

图 3-5 茄子幼苗斜切接法

五、嫁接苗管理

嫁接后愈合期的管理直接影响嫁接苗成活率，应加强保温、保湿、遮光等管理。

1. 温度管理

一般嫁接后的前 4~5d，苗床内应保持较高温度，瓜类蔬菜白天为 25~30℃，夜间为 18~22℃；茄果类白天为 25~26℃，夜间为 20~22℃。嫁接后 8~10d 为嫁接苗的成活期，对温度要求比较严格。此期的适宜温度是白天为 25~30℃，夜间为 20℃左右。嫁接苗成活后，对温度的要求不甚严格，按一般育苗法进行温度管理即可。

2. 湿度管理

嫁接结束后，要随即把嫁接苗放入苗床内，并用小拱棚覆盖保湿，使苗床内的空气湿度保持在 90%以上，不足时要向畦内地面洒水，但不要向苗上洒水或喷水，避免污水流入接口内，引起接口染病腐烂。3d 后适量放风，降低空气湿度，并逐渐延长苗床的通风时间，加大通风量。嫁接苗成活后，撤掉小拱棚。

3. 光照管理

嫁接当天以及嫁接后头 3d 内，要用草苫或遮阳网把嫁接场所和苗床遮成花荫防晒。从第 4d 开始，要求于每天的早晚让苗床接受短时间的太阳直射光照，并随着嫁接苗的成活生长，逐天延长光照的时间。嫁接苗完全成活后，撤掉遮阴物，可开始通风、降温、降湿。

4. 嫁接苗自身管理

（1）分床管理　一般嫁接后第 7~10d，把嫁接质量好、接穗苗恢复生长较快的苗集中到一起，在培育壮苗的条件下进行管理；把嫁接质量较差、接穗苗恢复生长也较差的苗集中到一起，继续在原来的条件下进行管理，促其生长，待生长转旺后再转入培育壮苗的条件下进行管理。对已发生枯萎或染病致死的苗要从苗床中剔除。

（2）断根靠接法　嫁接苗在嫁接后的第 9~10d，当嫁接苗完全恢复正常生长后，选阴天或晴天傍晚，用刀片或剪刀从嫁接部位下把接穗苗茎紧靠嫁接部位切断或剪断，使接穗苗与砧木苗相互依赖进行共生。嫁接苗断根后的3~4d内，接穗苗容易发生萎蔫，要进行遮阴，同时在断根的前1d或当天上午还要将苗钵浇一次透水。

（3）抹杈和抹根　砧木苗在去掉心叶后，其苗茎的腋芽能够萌发长出侧枝，要随长出随抹掉。另外，接穗苗茎上也容易产生不定根，不定根也要随发生随抹掉。

第四节　容器育苗技术

容器育苗可就地取材制成各种育苗容器。目前生产上广泛应用的有：营养土块、纸钵、草钵、塑料钵、薄膜筒等，不仅可以有效保护根系不受损伤，改善苗期营养状况，而且秧苗也便于管理和运输，实现蔬菜育苗的批量化、商品化生产。可根据不同的蔬菜种类、预期苗龄来选择相应规格（直径和高度）的育苗容器。

容器育苗使培养土与地面隔开，秧苗根系局限在容器内，不能吸收利用土壤中的水分，要增加灌水次数，防止秧苗干旱。使用纸钵育苗时，钵体周围均能散失水分，易造成苗土缺水，应用土将钵体间的缝隙弥严。容器育苗的苗龄掌握要与钵体大小相适应，避免因苗体过大营养不足而影响秧苗的正常生长发育。为保持苗床内秧苗发展均衡一致，育苗过程中要注意倒苗。倒苗的次数依苗龄和生长差异程度而定，一般为1~2次。

第五节　无土育苗技术

一、无土育苗的概念及特点

无土育苗又叫工厂化育苗，是运用智能化、工程化、机械化的蔬菜工厂育苗技术，摆脱了自然条件的束缚和地域性的限制，实现种苗的工厂化生产、商品化供应，是传统农业走向现代农业的一个重要标志。

工厂化育苗是以不同规格的专用穴盘作容器,以草炭、蛭石等轻质无土材料作基质,通过精量播种(一穴一粒)、覆土、浇水,一次成苗的现代化育苗技术。它具有节约种子,生产成本低,机械化程度高,工作效率高,出苗整齐,病虫害少,穴盘苗移植过程不伤根系,定植后成活率高,不缓苗,种苗适于长途运输,便于商品化供应等优点。

二、基本设施

(1)育苗盘 工厂化育苗使用的穴盘有多种规格。穴格有不同形状,穴格数目有 18~800 个,穴格容积有 7~70mL 不等,共 50 多种不同规格的穴盘。不同规格的穴盘对种苗生长影响差异很大。试验证明,种苗的生长主要受穴格容积的影响,而与穴格形状的关系不密切。穴格大,有利种苗生长,而生产成本高;穴格小,则不利种苗生长,但生产成本低。因此,在生产中应根据所需种苗的大小、生长速率等因素来选择适当的穴盘,以兼顾生产效能与种苗质量。

蔬菜育苗常用的有 72 孔、128 孔和 288 孔 3 种。育苗中心常根据不同季节,培育不同蔬菜幼苗的要求,选用不同规格穴盘。

(2)育苗基质 因为穴盘的穴格小,所以穴盘苗对栽培基质的理化性质要求很高,要求基质有保肥、保水力强,透气性好,不易分解,能支撑种苗等特点。因此,基质多采用泥炭、珍珠岩、蛭石、海沙及少许有机质、复合肥料配比而成。配好的栽培基质 pH值要求为 5.4~6.0。

生产中常用的基质配方有泥炭:蛭石为 2:1(或 3:1),泥炭:珍珠岩:沙为 2:1:1,泥炭:蛭石:菇渣为 1:1:1,碳化谷壳:沙为 1:1 等 4 种。

(3)催芽室 催芽室可采用密闭、保湿性能好、靠近绿化室、操作方便的工作间,室内安装控温仪,根据不同蔬菜催芽温度要求,调节适宜室温。室内设置多层育苗盘架,适用于育苗量大的育苗中心。

（4）绿化室　绿化室可采用日光温室，春季可采用塑料棚。绿化室内应设置排放盘架或绿化台供苗盘摆放。

三、无土育苗的技术要点

1. 育苗

育苗前要先对育苗场地、主要用具进行消毒。温室、大棚可用硫黄熏蒸，育苗盘等用具可用 50～100 倍的福尔马林液消毒，然后用清水多洗几遍晾干。基质一般不必消毒，但对已污染的基质则可用 0.1%～0.5% 的高锰酸钾或 100 倍福尔马林溶液消毒。消毒后均应充分洗净，以免对幼苗造成危害。

将育苗盘放入 2～3cm 厚的基质，整平。用清水浇透基质后，均匀撒播已催芽或浸种的种子，覆盖基质 0.5～1cm。播后置于电热催芽室，温度控制在种子萌发出土的适宜范围内。幼苗出土后，立即把育苗盘移入绿化温室，适当降温。

子叶展平后，及时浇灌营养液。为防伤苗，应在浇营养液后喷洒少量清水。营养液浇灌量以基质全部湿润，底部有 1～2cm 的营养液层即可。3～4d 浇 1 次营养液，中间基质过干可补浇清水。定植前一周减少供液量，并进行秧苗锻炼。

2. 营养液的配方

有简单配方和精细配方两种。

（1）简单配方　简单配方主要是为菜苗提供必需的大量元素和铁，微量元素则依靠浇水和育苗基质来提供，营养液的参考配方见表 3-2。

表 3-2　无土育苗营养液简单配方　　单位：mg/L

营养元素	用量	营养元素	用量
四水硝酸钙	472.5	磷酸二铵	76.5
硝酸钾	404.5	螯合铁	10
七水硫酸镁	241.5		

（2）精细配方　精细配方是在简单配方的基础上，加进适量的微量元素。主要微量元素的用量如下：硼酸 1.43mg/L，四水硫酸锰 1.07mg/L，七水硫酸锌 0.11mg/L，五水硫酸铜 0.04mg/L，四水钼酸铵 0.01mg/L。

除上述的两种配方外，目前生产上还有一种更为简单的营养液配方，该配方是用氮磷钾三元复合肥（N：P：K 含量为 15：15：15）为原料，子叶期用 0.1%浓度的溶液浇灌，真叶期用 0.2%~0.3%的浓度浇灌。该配方主要用于营养含量较高的草炭、蛭石混合基质育苗。

3. 灌溉

无土育苗的灌溉方法是与施肥相结合的，机械化育苗可采用双臂行走式喷水车，每个喷水管道臂长 5m，安排在育苗温室中间，用轨道移动喷灌车，可自动来回喷水和喷营养液。若在基质中掺入适量复合肥作为底肥，喷灌清水来育苗，相对省工省力，并有利于出苗及壮苗。

四、简易无土育苗

在我国蔬菜生产尚没有实行规模化的广大地区，农民也可以自己进行无土育苗，以满足自己生产的需要。下面简要介绍两种简易无土育苗方法。

（1）营养钵育苗　即利用塑料育苗钵或其他容器（如草钵、纸钵）进行育苗。其操作方法为：将草炭和蛭石按一定比例混配作为育苗基质，装入塑料育苗钵中，然后浇透水，再将经浸种、催芽的种子播入营养钵内，放在适当的条件下育苗。不同种类的蔬菜可选用大小不同的塑料钵来育苗，一般茄果类可选择大一些的塑料钵，而叶菜类选用小号的即可。

（2）穴盘育苗法　虽然育苗穴盘本身是机械化育苗的配套设施，但利用穴盘来进行人工无土育苗，它同样具有省工、省力、便于运输等特点。

育苗基质同样可以采用草炭和蛭石按一定的比例混配。把经浸种、催芽的种子播种在穴盘内，按常规方法进行育苗管理即可。

当然，不同种类蔬菜在不同季节进行穴盘无土育苗应当选择合适型号的穴盘。一般来说，我国蔬菜种植者喜欢栽大苗，所以，春季番茄、茄子苗多选用 72 孔苗盘（营养面积 $4.5cm^2$/株），6~7 片叶时出盘；青椒苗选用 128 孔苗盘（营养面积 $3.4cm^2$/株），8 片叶左右出盘；夏秋季播种的茄子、番茄、菜花、大白菜等可一律选用 128 孔苗盘，4~5 片叶时出盘。

上述两种无土育苗方式苗期的养分，一是可以通过定期浇灌营养液方式解决，二是可以先将肥料直接配入基质中，以后只需浇灌清水就可以了。

鉴于基质中，特别是草炭中，除含有一定量的速效氮磷钾养分外，还含有一定量的微量元素，故在无土育苗施肥上，主要考虑大量元素的补给。

今后，随着工业和科学技术的发展，蔬菜育苗的工厂化也将随之逐步发展起来，从而探索出一套适合我国国情的、切实可行的工厂化育苗新技术。

第四章 茄果类蔬菜设施栽培技术

第一节 番茄栽培技术

一、栽培季节与茬口安排

番茄对温度、光照、水分都很敏感，番茄日光温室栽培安排在自然界气温偏低的秋、冬、春三季进行，各地应根据当地的气候条件安排生产。华北地区，从7月开始至翌年6月都可以安排日光温室生产。一般根据播种和定植时间，将茬口分为秋冬茬、越冬茬和冬春茬。秋冬茬一般是7月中下旬到8月上中旬播种育苗，8月中下旬到9月上旬定植，9月中下旬到10月初扣膜，11月下旬到2月初采收；冬春茬于11月上旬至12月上旬播种，1月中下旬到2月上旬定植，3月上中旬到6月收摘；越冬一大茬栽培，一般是9月中下旬到10月上旬育苗，11月定植，1月始收。大棚栽培因冬天温度不足，寒冷地区不能顺利越冬，一般地区可在大棚中进行春提早栽培和秋延栽培。

二、日光温室番茄秋冬茬栽培技术

（一）品种选择和播种期

秋冬茬番茄是秋天播种，秋末冬初收获，生育期限于秋冬季，采收期短，应选择抗病毒，大果型、丰产、果皮较厚，耐贮藏的优良品种，例如金棚8号、瑞星五号、爱吉112、浙粉702、欧贝等。

（二）育苗技术

以秋冬茬为例来加以说明。一般在 7 月下旬到 8 月上旬均可播种，苗龄 30 天左右。

1. 种子消毒

有温汤（热水）浸种和药剂消毒两种方法。

（1）温汤（热水）浸种　先将种子于凉水中浸 10 分钟，捞出后于 50℃水中不断搅动，随时补充热水使水温稳定保持 50~52℃，时间 15~30 分钟。将种子捞出放入凉水中散去余热，然后，浸泡 4~5 小时。

（2）药剂消毒　有磷酸三钠浸种，福尔马林浸泡，高锰酸钾处理，稀盐酸消毒等方法。根据条件和需求一般选择一种药剂消毒方法即可。

①磷酸三钠浸种：将种子先浸在凉水中 4~5 小时，捞出后放入 10%的磷酸三钠溶液中浸泡 20~30 分钟，捞出用清水冲洗干净，主要预防病毒病。

②福尔马林浸种：将浸在凉水中 4~5 小时的种子，放入 1%的福尔马林溶液中浸泡 15~20 分钟，捞出用湿纱布包好，放入密闭容器中闷 2~3 小时，然后取出种子反复用清水冲洗干净。主要预防早疫病。

③高锰酸钾处理：用 40℃温水浸泡 3~4 小时，放入 1%高锰酸钾溶液中浸泡 10~15 分钟，捞出用清水冲洗干净，随后进行催芽发种。可减轻溃疡病及花叶病的为害。

2. 催芽

生产中催芽温度、开始时 25~28℃、后期 22℃为宜。目前生产上常采用两种方法进行催芽。将浸种消毒后的种子用粗布包好，放入瓦盆，上盖 1~2 层湿麻袋片，然后放到火炉边或温室内温度为 25~30℃的地方。

催芽过程中每天将种子翻动并用清水淘洗 1~2 次。番茄种子用 25℃催芽的效果比较好。当大部分种子"破嘴"，即露出胚芽时，就可以播种。

3. 土壤消毒与做畦

土壤消毒有高温消毒和药物消毒等多种方法。一是把大棚建好后即可施入有机肥料。在8—9月盖好塑料无滴薄膜，将整个大棚密闭，高温（60℃以上）闷棚7~8d；二是将1~2kg多菌灵粉与50kg湿润细土拌匀，在匀撒基肥的同时，匀撒药土，同时用辛硫磷对水喷雾，然后进行深翻，即灭菌又灭地下害虫。辛硫磷易光解，可边翻边喷，不可一次喷完，以每亩用药0.5kg左右为宜。

苗床土壤消毒也很重要，要注意：一是用药量较大田适当增加；二是配制营养土时就要投入药物拌匀。排除病菌早期为害，以利于培育无病壮苗。有条件的也可采用溴甲烷土壤消毒技术。选择苗床要求地势高，排水方便，精细整地，做成小高畦。

4. 播种

播种前苗床要浇足水，水渗入后按株行距10~12cm点播，播种后覆土1cm厚，2片真叶展开后间苗，每穴留1株，苗期浇水要勤，宜在早晚进行。

5. 培育壮苗

（1）掌握好适宜的温湿度，防止幼苗徒长 幼苗徒长主要是弱光、高温、水分过大等因素造成。起垄育苗后，水分得到了一定的控制，但高温和弱光难以避免，这就需要经常观察温度和尽可能地增加光照。出苗时的温度应控制在25~30℃，幼苗70%出土后去掉地膜进行放风，床温可维持在20~25℃，幼苗子叶伸展后，床温15~20℃，1~2片真叶后，白天25~30℃，夜间15~20℃，维持15~20d，并在1片真叶后间苗，株距3~4cm。

（2）适时分苗 一般进行一次分苗，方法是在幼苗2~3片真叶后进行分苗。行距10~13cm，株距10cm，分苗时用泥匙在已做好的苗床顶端开沟，开沟要浅并垂直，用水瓢浇小水，水渗后埋土，保持原来深度，和注意幼苗茎叶干净，不要沾染泥水。如果种植品种毛粉 802 时，对于无茸毛株要单独分一苗床，不可混合分苗。分苗后，根据天气搭好拱棚架，上扣塑料膜，使其床温在 30~35℃，地温在 20℃ 以上，以利于缓苗生长。如果采用二次分苗，第一次播后 20~25d，幼苗 1~2 片真叶时进行分苗，行距 10cm，株距 4~5cm，第二次相隔 1 个月。幼苗 4~5 片真叶时分第二次苗。株距 10cm。

壮苗的标准：有 3~4 片真叶，株高 15~20cm，日历苗龄 25~30d。

（3）定植

①整地施肥：在温床栽培西红柿地段，亩施优质农家肥 5 000 kg 以上，过磷酸钙 70~100kg，碳酸氨 20~25kg。地面铺施后人工深翻两遍，使粪肥与土充分混均，然后耙平。地面喷施恩肥，每 $667m^2$ 70~100mL，对水均匀喷布地面。浅锄 10cm 左右，而后按 60cm 的行距起南北行垄，垄高 15~20cm。要求栽植垄北端到中柱位置。

②定植：于 8 月上中旬育苗，9 月上中旬定植。定植选在阴雨天或傍晚时进行。垄上平均株距 23cm 开穴定植，亩栽植 3 500 株左右。随定植随穴浇稳苗水。全室栽完后顺沟浇植水，水量宜大，尽量把垄湿润。冬春茬定植 1 月中下旬当温室内 10cm 地温稳定在 10℃ 以上时定植。定植按行距 55~60cm，株距 22~28cm。每亩 4 500~5 000 株。选晴天上午进行，按株距把苗放入沟内，埋少量土稳住苗坨，随后顺沟浇定植水，水后覆土封垄，以埋平土坨为适宜。

6. 定植后的管理

（1）温度、湿度管理　定植初期，为促进缓苗，不放风，保持高温环境，白天控温 25~30℃，夜间保持 15~17℃，空气相对湿度 60%~80%，缓苗后开始放风排湿降温，白天湿度 20~25℃，夜间 12~15℃，空气相对温度不超过 60%，放风时，开始时要小，以后逐加大风量。控温以放顶温为主。进入结果期，白天控温为 20~25℃，超过 25℃ 放风，夜间保持 15~17℃，空气温度不超过 60%，每次浇水后及时放风排湿。当外界气温稳定在 10℃ 以上时，可昼夜通风。当外界气温稳定在 15℃ 以上时，可逐渐撤去棚膜。

结果前期主要是降温防雨。定植后注意通风，并在棚膜上加遮阴覆盖物，（夜间揭开）白天控制温 30℃ 以下，夜间不超过 20℃。土壤湿度保持见干风湿。生育后期（结果后），以保温防寒为主，随温度缩小放风口，缩短放风时间，白天控温 25℃，夜间不低于 15℃，外界温度降到 15℃ 以下时，夜间停止放风。当外界出现霜冻室内温度低于 10℃ 时盖上草苫，进入 12 月加盖纸被。

（2）水肥管理　第一花序上的果长至鸡蛋黄大小时，进行第一次追肥浇水。一般每亩用硝铵 20~25kg。顺水冲入膜下沟内。进入盛果期，要集中连续追 2~3 次肥，并及时浇水，而且浇水要均匀，忌忽大忽小，随外界气温升高，每周浇一次水。

（3）防止落花落果

①沾花：当果穗中有 2~3 朵小花开放时，在 9—10 时，用 25~31mg/kg 防落素或西红柿丰产剂 2 号 50~70 倍溶液喷布花序的背面，或用 10~20mg/kg 的 2,4-D 涂抹花朵的离层部位。当日光温室内已定植的西红柿第一花序开花时，要适时采取用 2,4-D 钠盐、西红柿灵、西红柿丰产剂 II 号等一些植物生长调节剂沾花等保花保果措施。

沾花时应注意以下三点。

一是要选择正规厂家生产的药剂。

二是要严格按照使用说明上指定的浓度使用，浓度不能过高，防落素的使用浓度一般为 20~40mg/L，浓度太低作用不显著，过高易出现畸形果、空洞果。浓度还应随外界温度的变化而变化，一般来说，高温时取浓度低限，低温时取浓度高限。

三是要掌握好沾花时期，蘸花以花顶见黄、未完全开放或花呈喇叭口状时最好。但一般认为，从开花前3d到开花后2d内使用均有效果，过早施用易引起烂花，过晚至花呈灯笼状时则不起作用。通常在晴天下午蘸花较好，早晨蘸花由于花柄表面结露而使药液浓度发生变化，易发生药害。阴雨天最好不沾花，因为阴雨天时，气温低、光照弱，药液在植物体内运转慢、吸收得也慢，易出现药害。

四是方法要得当，防止将药液喷到嫩叶或生长点上，否则会使叶片变成条形。一旦发生药害，应加强肥水供应，可使药害适当减轻。为避免重复蘸花，最好在药液中加入一点色素作为标记。

（4）植株调整技术

①整枝：温室内湿度大、通风差、光照弱，要想控制西红柿徒长，预防病害发生，促进花蕾及果实发育，提高坐果率、提早成熟、增加单果重、提高果实整齐度，使果实发育及着色良好，获得较高的产量和质量，合理整枝是一项关键技术。

a. 单干整枝法　单干整枝法是目前西红柿生产上普遍采用的一种整枝方法。进行单干整枝时每株只留一个主干，把所有侧枝都陆续摘除，主干也留一定果穗数摘心。打杈时一般应留1~3片叶，不宜从基部掰掉，以防损伤主干。留叶打杈可以增加营养面积，促进植株生长发育，特别是可促进杈附近果实的生长发育。摘心时一般在最后一穗果的上部留2~3片叶，否则这一果穗的生长发育将会受到很大影响，甚至落花落果或发育不良，产量、质量明显下降。单干整枝法具有适宜密植栽培、早熟性好、技术简单等优点，缺点是用苗量较大，提高了成本，且植株易早衰，总产量不高。

b. 双干整枝法　双干整枝法是在单干整枝法的基础上，除留主干外再选留一个侧枝作为第二主干结果枝。一般应留第一花序下的第一侧枝，因为根据营养运输由"源"到"库"的原则和营养同侧运输原理，这个主枝比较健壮，生长发育快，很快就可以与第一主干平行生长、发育。双干整枝法的管理分别与单干整枝法的管理相同。双干整枝可节省种子和育苗费用，植株生长期长，长势旺，结果期长，产量高，其缺点是早期产量低且早熟性差。

c. 改良式单干整枝法　在主干进行单干整枝的同时，保留第一花序下的第一侧枝，待其结1~2穗果后留2~3叶摘心。改良式单干整枝法兼有单干整枝法和双干整枝法的优点，生产上值得推广。

d. 连续摘心换头整枝法　当主干第二花序开花后，基部留2~3片叶摘心。主干就叫第一结果枝，保留第一结果枝第一花序下的第一侧枝做第二结果枝。第二结果枝第二花序开花后，在其上留2~3片叶进行摘心，再留第二结果枝上第一花序下的第一侧枝做第三结果枝，依此类推。每株西红柿可留4~5个甚至更多的结果枝。对于樱桃西红柿等小果型品种，也可采用三穗摘心换头整枝法，但应用这种整枝法要求肥水充足，以防植株早衰。

e. 倒"U"形整枝法　结合搭弓形架，先将西红柿进行单干整枝管理，然后绑到架上，弓形架最高点与西红柿第三穗果高度基本一致。这样，西红柿植株上部开花结果时，上部花穗因为弓形架高度的降低而降低，从而改善了它的营养状况，提高了上部果穗的产量、质量。采用这种整枝方法要经常去老叶、病叶，以防植株郁闭，影响通风透光。

②打杈：打杈的操作不可过早或过迟，因为植株地上部和地下部的生长有一定的相关性，过早的摘除腋芽，会影响根系的生长。一般掌握在侧芽长到6~7cm时摘除较为合适，并要在晴天进行，以利于伤口愈合。

③摘心与摘叶：

a. 摘心　西红柿植株生长到一定高度，结一定果穗后就要把生长点掐去，称做摘心。有限生长类型西红柿品种可以不摘心。一般早熟品种、早熟栽培、单干整枝时，留2~3穗果实摘心；晚熟品种、大架栽培、单干整枝时，留 4~5 穗果实摘心。为防止上层果实直接暴晒在阳光下引起日灼病，摘心时应将果穗上方的 2 片叶保留，遮盖果实。为防止西红柿病毒的人为传播，在田间作业的前 1d，应有专人将田间病株拔净，带到田外烧毁或深埋。作业时一旦双手接触了病株，应立即用消毒水或肥皂水清洗，然后再进行操作。

　　b. 摘叶　结果中后期植株底部的叶片衰老变黄，说明已失去生长功能需摘去。摘叶能改善株丛间通风透光条件，提高植株的光合作用强度，但摘叶不宜过早和过多。

　　④疏花及疏果：为使西红柿坐果整齐、生长速度均匀，可适当进行疏花、疏果。第 1 花序果实长到鸡蛋黄大小时，每株留 3~4 个果穗，每穗留 4~5 个大小相近、果形好的果实，疏去小果和畸形果，可以显著提高商品质量和产量。

　　⑤搭架与绑蔓：除少数直立型品种及罐藏加工的西红柿采用无支柱栽培外，栽培的西红柿大部分是蔓生性，其直力性差。若不搭架，植株会匍匐地面，容易感染病害。搭架后，叶面受光好，同化作用强，制造养分多，花芽发育好，西红柿产量高、质量好。因此，当植株长到约 30cm 高时，应及时支架，并将主茎绑缚在支架上。支架用的材料可就地取材。支架的形式主要有 4 种，即单杆架（图 4-1）、人字架、四角架和篱型架。插架一般在第 2 次中耕后进行，随着植株的生长将茎逐渐绑在支架上。绑蔓时，注意不要碰伤茎叶和花果，将果穗绑在支架内侧，避免损伤果实和发生日灼病。一般是每 1 果穗绑 1 道，绑在果穗的上部叶片之间。

　　⑥光照：盛果期要保持充足的光照，采取合理密植、科学整枝、摘叶、支吊蔓，经常揩擦塑料薄膜，对草帘要早拉晚盖等措施，创造一个比较好的光照条件。尽可能多增加光照，促使果实正常着色。当第 1 穗果着色后，可摘除果穗下部的黄、老、病叶，以减少养分消耗和病害。

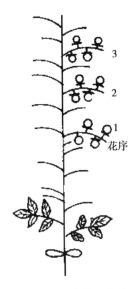

图 4-1　西红柿单干整枝

（5）乙烯利催熟技术　为了减轻果实自然成熟对植株体养分的消耗，争取早上市，可用乙烯利对进入白熟期的果实进行处理。

①棵上催熟：500～1 000mg/L 烯利剂喷果处理（不得喷到叶片上）；或用 2 000mg/L 涂抹果柄、果蒂或果面上，4d 后可以大量变红。

②摘果催熟：把白熟期的果实采下后，在 2 000～3 000mg/L 乙烯利的溶液中浸泡 1～2 分钟后取出，放在 22～25℃的地方，要适当通风，经 4～6d，随即可全部转红。

7. 采收

作为商品果，当果实顶部着色达到果面的 1/4 左右时进行采收，前期果实适当早收，以利于茎上部果实发育。当果实基全部着色，但还有绿果肩，果实仍然坚硬，果实具有本品种的色泽，是食用的最佳时期。不外运，可以变色期采收，就近上市，若长途外运或贮藏，则在白果期采收。

三、日光温室番茄越冬一大茬栽培技术

1. 品种选择

日光温室越冬茬番茄要选用无限生长型番茄品种，品种应具有抗病、高产、耐低温、耐弱光、耐贮运等特点，可选用的品种有金棚 11、金棚 10 号、欧盾、瑞星一号、爱吉 112 等。

2. 育苗

采用基质育苗，基质苗根系发达、生长快，苗盘规格为 50 孔或 72 孔。

（1）晒种　将种子铺在纸上，在阳光直射下晒种 2 小时，打破种子休眠，提高发芽率。

（2）浸种消毒　将水温调至 55℃，把种子均匀倒入温水中并不停搅动至水温降到 35℃，自然浸泡 4~6 小时后捞出控干待播。包衣种子播前不需处理，干籽直播。

（3）播种　将基质装入穴盘，平压下陷 1cm，将处理好的种子平放入穴盘中，每穴 1 粒，播后覆基质刮平。

（4）洒水　穴盘苗对水的要求较高，水质的好坏直接影响苗子的质量，使用 pH 值较高的水会使苗僵化、长势弱、成活率低。播种后洒水应看苗、看天灵活掌握，每天以一次为宜。

（5）温度管理　播种后出苗前，白天温度控制在 25~30℃，夜温以 18~20℃ 为宜，出苗后降低温度，以防徒长，尤其是夜间温度。

（6）光照管理　出苗前需遮阴，拱土后把遮阴物去掉，让苗充分见光。

（7）病害管理　为防止猝倒病的发生，可利用普力克 800 倍液加农用链霉素 4 000 倍液，在子叶展平后喷雾。

3. 整地定植

（1）定植前的准备　要求早日腾茬，及时清除前茬作物的残枝枯叶，深翻土地 30cm，闭棚高温消毒 10~15d。然后整地施肥，每 667m² 施腐熟有机肥 5 000kg，过磷酸钙 50kg、硫酸钾复合肥 40kg，硫酸镁、硫酸铜各 1.5kg，硼砂 1kg，硫酸亚铁 2.5kg，均匀施肥，深翻整平。按宽窄行起垄，大行距 90cm、小行距 50cm，垄高 15~20cm，采用膜下滴灌。

（2）定植方法　一般苗龄 25d 左右，9 月中旬定植，定植密度按品种的特性，掌握南密北稀，株距 35~45cm，每 667m² 定植 2 500株。定植时对苗进行分类，即大小苗分开定植，大苗定植棚内后面，小苗定植前沿，以防大苗欺小苗，定植时为防止根部和根茎病害的发生，用秀苗 1 000倍灌根，待翌日中午穴温提高后方可封土、盖地膜。

4. 定植后的管理

（1）光照管理　提高光照强度，延长光照时间，番茄对光照要求较高，必须设法满足生长需要。主要有以下几个方面的配套技术：一是棚膜选用透光率高的无滴膜，经常拖净棚膜上的灰尘；二是等秧苗缓苗后在后墙上张挂反光膜；三是在保证温度的前提下，覆盖的保温被早揭晚盖。

（2）实行变温管理　缓苗期要保持较高温度，要求白天 28~30℃，夜间保持 18~20℃，以利于缓苗，缓苗后应适当降温，白天 23~28℃，夜间 15℃，以便于促进光合物质的形成、运输和减少呼吸消耗。

（3）肥水管理　在定植水和缓苗水浇过以后，至开花坐果前一般不浇水，第一穗果长至核桃大时浇促果水，并结合浇水每 667m² 冲施尿素 10kg，硫酸钾 5kg，以后根据生长情况，每 15~20d 浇一次水，浇水应选择在晴天的上午进行，严禁下午和阴天进行浇水，进入次年 3 月以后应 10~15d 浇水一次，追肥应掌握每收一穗果追施一次，一般每 667m² 每次施氮磷钾素（15：15：15）

复合肥 15kg。结合用药，每隔 10d 喷一次 0.3% 磷酸二氢钾叶面肥，由于冬天放风量小，棚内 CO_2 浓度低，使用 CO_2 气肥，有利于植株光合作用，增产效果明显。

（4）植株调整　采用单干整枝，摘心换头的方法能有效促进生殖生长，控制营养生长，取得较好的效果。具体的做法是：让主干无限生长结果，5~6 穗时摘心，在顶部果穗下留一侧枝继续生长，再结 5 穗左右，其他部位的侧枝全部去掉，全年结果 10~11 穗。在生长过程中，每采收一茬果要及时进行落蔓去除黄叶，落蔓的方法可采用横向引蔓的方法，始终保持生长高度一致。在整枝的过程中，要进行疏花疏果，每穗留 4~6 个果，以保持生长均衡和果个一致，在每穗花序的第一朵花为突出的大型花时，多为畸形果，应该及时清除掉。打杈摘叶，都应该在晴天的上午进行，以利于伤口的愈合，减少病害浸染。

（5）保花保果　开花时为保证坐果，需要进行激素处理，用丰产剂 2 号（每支对水 600~1 000g）或保果净 1 号（每小包对水 1 000g）药液喷花蕊；有条件的也可以用振荡器或熊蜂授粉，以促进果实的膨大。为防止灰霉病的发生，在蘸花药内加入 0.15% 速克灵，为避免重复涂药，掺广告色以作标志，蘸花应在 8—10 时进行，蘸花时不可单花进行，应同时处理 2~3 朵花，以免坐果后，果实不均匀。

5. 采收

番茄以成熟的果实为产品，果实成熟分为绿熟期、转色期、成熟期和完熟期 4 个时期，越冬一大茬番茄果实较硬，成熟后可在植株上生长一个月，也不降低商品性，应根据市场行情选择一个较合适的价格出售。

四、日光温室番茄冬春茬栽培技术

（一）品种选择

冬春茬番茄主要是秋冬茬蔬菜收获后作延续茬用。河南省一般在 10 月下旬播种育苗，1 月中下旬定植，4 月始收，6 月中下旬拉秧，是栽培较容易的一茬蔬菜。冬春茬番茄栽培的适宜品种与越冬茬基本一致。多采用金棚 M6033、富山 5 号、普罗旺斯、欧贝、瑞星 2 号、爱吉 112 等品种。

（二）播种育苗

本茬可采用苗床营养土育苗，也可采用穴盘育苗。苗床营养土育苗时，苗床的播种量为 $5g/m^2$，将催芽后的种子撒播在育苗床上，苗床上覆盖地膜，起保温、保湿作用，保持室温白天 25 ~ 28℃，夜间不低于 20℃。70% 以上种子出苗后，揭开薄膜通风，保持室温白天 20 ~ 25℃，夜间 12℃ 左右，防止下胚轴过度伸长，形成高脚苗。3 片真叶前分苗到 10cm×10cm 营养钵。分苗选在晴天上午进行，分苗床要提前准备好并配好营养土，用 50% 多菌灵消毒，分苗时要带土起苗，尽量避免伤根。分苗后提高温度促进缓苗，水分管理按照见干见湿的原则，不宜过分控制。定植前 1 周加大通风，日温降至 18~20℃，夜温降至 10℃ 左右，进行秧苗锻炼，通常当苗龄达到 60~70d，株高 20~25cm，8~9 片叶，第 1 花序现大蕾，即可定植。

（三）定植

前茬作物收获后，清除残枝烂叶及杂草，每 $667m^2$ 施优质腐熟的农家肥 5 000kg，深翻 40cm，使粪土掺匀，耙平地面，按小行距 50cm，大行距 90cm 开沟定植。株距按 35 ~ 40cm 株距，株间点施磷酸二铵每 $667m^2$ 施 4 000 ~ 5 000g，培土后逐沟浇水。

（四）定植后的管理

1. 温度管理

定植后密闭保温，促进缓苗。不超过 35℃ 不放风。缓苗后进行松土培垄并覆盖地膜，在小行和两垄上覆盖。结果前白天保持 25℃ 左右，超过 30℃ 放风。午后温度降到 20℃ 左右闭合风口，15℃ 左右覆盖草苫，前半夜保持 15℃ 以上，后半夜 10~13℃。进入结果期后，白天保持 25℃左右，前半夜 13℃左右，后半夜 10℃左右。

2. 肥水管理

在定植水充足的情况下，第一穗果坐住之前不浇水，促进根系发育，控制地上部营养体徒长。如果发现叶色浓绿，说明土壤水分不足，可在膜下浇小水。第一穗果实达到核桃大时开始追肥浇水，每 667m² 追施硝酸铵 20~25kg 顺水冲入沟内。待第二穗果实膨大时，每 667m² 追施磷酸二铵 20~25kg。第三穗果实膨大时，每 667m² 追入氮、磷、钾复合肥 30kg。除了每次施肥时要进行浇水外，还要经常保持土壤相对湿度 80%左右，特别是果实膨大时不能干旱缺水，结果盛期每 7~10d 浇水 1 次，每次灌水量不宜过大，浇过水后要加强放风，降低空气相对湿度。

3. 植株调整

晚熟品种采用单干整枝，每株留 5~6 穗果摘心，早熟品种采用辅助单干整枝，主干留 3~4 穗果，侧枝留 1~2 穗果。每穗保留 3~4 个果实，其余疏去；防治落花落果的方法和催熟方法同越冬茬番茄。

（五）采收

采收后要运输 1~2d 的，可在转色期采收，此时期果实大部分呈白绿色，顶部变红，果实坚硬，耐储运，品质佳；采后就近销售的，可在成熟期采收，此时期果实 1/3 变红，果实未软化，营养价值较高，但不耐贮运，过去为了提早上市常采用乙烯催熟，现在为了提高品质，减少农药残留量，禁用生长调节剂进行催熟。

五、大棚番茄春提前栽培技术

（一）品种选择

大棚番茄春提早栽培应选择耐低温、早熟、抗病、高产的品种，如金棚 M6033、富山 2 号、粉都高产王、春雷、爱吉 112 等品种。

（二）培育适龄壮苗

番茄春提早栽培适宜苗龄一般为 $55 \sim 65d$。早熟品种比晚熟品种苗龄可短些。在育苗设施好，光照管理适宜的条件下，苗龄可短些。定植时一般要求苗壮、苗齐、无病，幼苗 $7 \sim 9$ 片叶，第一花序现大蕾。如果苗龄过短、幼苗太小，则开花结果晚，达不到早熟目的。苗龄过大，幼苗在苗床里开花，或者苗变成小老苗，长势衰弱，定植后易引起落花落果。大棚春番茄一般在日光温室内育苗，本茬可采用苗床育苗，等苗长到 $2 \sim 3$ 片真叶时用营养钵分苗。在河南适宜播种期为 1 月中旬左右，其他各地应根据本地适宜定植期和育苗条件来确定，此时期育苗低温弱光，前期要注意采用加温和补光措施，后期要降温管理，防止低温冷害和高温为害。定植前要加强炼苗，提高幼苗的抗逆性。

（三）整地定植

大棚春提早栽培应尽量提早扣棚整地，一般定植前一个月左右扣膜，每 $667m^2$ 撒施或沟施腐熟有机肥 5 000kg 左右，磷酸二铵 $30 \sim 40kg$，深翻 20cm 以上，然后做成 1.3m 宽高畦，或 50cm 行距的垄。当 10cm 地温稳定在 $8℃$ 以上，最低气温达 $1℃$ 以上时即可定植。华北地区一般 3 月中下旬定植，东北地区一般 4 月下旬定植。如大棚采用多层覆盖，或临时加温等保温措施，可适当提早定植。定植时宽窄行定植，宽行 80cm，窄行 50cm，早熟品种株距 35cm 左右，中熟品种株距 38cm 左右，晚熟品种株距 40cm。定植最好在晴天上午进行，定植时尽量浇足定植水，把营养块充分泡开，促使根系尽快发育，并扎入土壤。大棚春番茄应尽量采用地膜覆盖。

（四）定植后的管理

1. 温度管理

定植初期以防寒保温为主。如遇寒潮，要采用扣小拱棚或拉天幕等多层覆盖，大棚四周围草帘子防寒。缓苗后白天大棚内气温保持 25~28℃，最高不超过 30℃，夜间保持 13℃以上。随着外温升高，加大放风量，延长放风时间，早放风，晚闭风。进入 5 月以后就要开始放风，尽量控制白天不超过 26℃，夜间不超过 17℃。

2. 肥水管理

定植初期必须控制浇水，防止番茄茎叶徒长，促进根系发育，第一花序坐果后，每 667m² 追施复合肥 30kg，灌 1 次水。第二、第三花序坐果后再各浇 1 次水，灌水要在晴天上午进行，灌水后要加强放风，降低棚内空气湿度，棚内湿度过大易发生各种病害。

3. 植株调整

大棚春番茄整枝方法一般采用单干式整枝，无限生长类型品种可留 5~6 层果摘心，有限生长类型品种可留 3~4 层果摘心，及时摘掉多余的侧枝。结合整枝绑蔓摘除下部老叶、病叶，并进行疏花疏果。番茄植株可用塑料绳吊蔓，或用细竹杆插架支撑，如插架一般采用篱形架。为防止落花落果，在花期加强温度、水分等环境条件管理的同时，进行人工辅助授粉（振动器授粉），并采用番茄灵或丰产剂 2 号等坐果激素处理花。

（五）采收

大棚春番茄的采收期随着气候条件、温度管理、品种不同而有差异。一般从开花到果实成熟，早熟品种 40~50d，中熟品种 50~60d。一般在果实转色后期采收上市。

六、大棚番茄秋延后栽培技术

（一）品种选择

大棚秋番茄是夏播秋收栽培，生育前期高温多雨，病毒病等病害较重，生育后期温度逐渐下降，又需要防寒保温，防止冻害。应选择抗病性强、早熟、高产，耐贮藏的品种。目前生产上的常用品种有：金棚 8 号、瑞星五号、瑞星六号、爱吉 112、惠裕、欧贝等，各地应结合本地特点具体选择。

（二）播种育苗

大棚秋番茄如播种过早，苗期正遇高温雨季，病毒病发生率高，播种过晚，生育期不足，河南以 6 月下旬至 7 月初育苗为宜。采用穴盘育苗移栽，大棚秋番茄育苗移栽可以采用小苗移栽，也可采用育大苗移栽。小苗移栽一般在两叶一心时，将小苗栽进大棚，苗龄 15~18d，这时植株二级侧根刚刚伸出，根幅不大，定植时伤根少，易缓苗。小苗定植浇水要及时，否则土壤易板结而"卡脖"掉苗。大苗移栽是目前生产上普遍采用的形式，苗长到 5~6 片叶，日历苗龄 25d 左右定植。这种方法的优点是苗期便于集中管理，定植晚，有利于轮作倒茬。番茄越夏育苗可采用遮阳网进行遮阴育苗，以减轻病害，培育壮苗。

（三）整地定植

大棚番茄秋延后定植正处于高温、强光、多雨季节，故要做好遮阴防雨的准备。及时修补棚膜的破损处，在棚膜上覆盖遮阳网或喷降温涂料，平时保持棚顶遮阴，四周通风，形成一个凉爽的遮阴棚。定植前清洁棚内上茬的残株，一般每 667m² 施腐熟农家肥 5 000kg 左右。选择在阴雨天或傍晚温度较低时定植，每 667m² 栽 3 500株左右。

（四）定植后的管理

1. 温光调节

栽培前期尽量加强通风，降低温度，白天温度高于 30℃ 要在棚膜上覆盖遮阳网或撒泥浆。雨天盖好棚膜，防雨淋。进入 9 月以后，随着外界温度的降低应减少通风量和通风时间，同时撤掉棚上的遮阳网，10 月以后应关闭风口、注意保温。

2. 水肥管理

浇过定植水后，要及时中耕松土，不旱不浇水，进行蹲苗，促进根系生长。第一穗果核桃大时每 667m² 随浇水冲施磷酸二铵 15kg、硫酸钾 10kg。以后随着植株的生长进行追肥灌水，15d 左右追一次肥。前期浇水要在傍晚时进行，有利于加大昼夜温差，防止徒长。

3. 植株调整

如植株徒长，应及时喷洒浓度为 1 000mg/L 的矮壮素，可有效抑制徒长。大棚秋番茄生长速度快，应及时进行插架、绑蔓。大棚秋番茄多采用单干整枝，即主干上留 5 穗果，其余侧枝摘除，第 5 穗果开花后，花序前留两片叶摘心。前期病毒病较重，后期晚疫病较重，发现病毒病和晚疫病的植株要及时拔除，用肥皂水洗净手后再进行田间作业。大棚秋番茄保花保果、疏花疏果的方法与温室种植秋茬番茄相同。

（五）采收和贮藏

大棚秋番茄果实转色以后要陆续采收上市，当棚内温度下降到 2℃时，要全部采收，进行贮藏。一般用简易贮藏法，贮藏在经过消毒的室内或日光温室内。贮藏温度要保持在 10~12℃，相对湿度 70%~80%，每周倒动 1 次，并挑选红熟果陆续上市。秋番茄一般不进行乙烯利人工催熟，以延长贮藏时间，延长供应期。

七、无公害番茄病虫害综合防治技术

随着番茄种植面积的增加，品种的增多，种植方式的多样化，其病虫发生种类和面积也明显增加，为害损失日趋严重，防治难度逐步加大，成为制约番茄生产的严重障碍。随着社会的发展和人民生活水平的提高，人们对番茄的需求已经由数量增长型转为质量增长型，对安全、营养、无污染的蔬菜需求与日俱增。这就对病虫害防治技术，尤其是化学农药的使用提出了更高要求。因而生产优质、无公害蔬菜就成为蔬菜生产的必然趋势和发展方向。

番茄病虫害时常发生，为害严重的虫害有蚜虫、白粉虱、棉铃虫、烟青虫，病害有晚疫病、灰霉病、早疫病、溃疡病、叶霉病、青枯病、病毒病等。

在病虫害防治上，按照"预防为主、综合防治"的植保原则，以农业防治为基础，优先采用物理防治、生物防治技术，按照病虫害的发生规律科学使用化学防治技术。

（一）农业防治

1. 选用抗（耐）病的丰产良种

2. 轮作换茬减少病虫来源

合理轮作，改善土壤理化性质、培肥地力，消灭病虫来源，减轻病虫害发生。轮作时，番茄应避免与茄科蔬菜轮作，可与草莓或葫芦科蔬菜轮作。

3. 合理施肥

注意使用有机肥，增施磷钾肥，一般每 $667m^2$ 施用农家肥 5 000kg 以上，磷酸二铵 25kg 左右，或配施磷酸二氢钾 7.5kg 左右，增强番茄植株的抗病力。

4. 培育无病虫壮苗，大力推广使用穴盘育苗

5. 高畦深沟栽培，加强田间管理

实行窄畦、深沟、高垄栽培，做到三沟配套，排水良好，切忌大水漫灌。最好全膜覆盖，采用滴灌技术灌溉，在定植幼苗后，垄面及暗灌沟用超薄膜覆盖，采用软管、渗管等滴灌技术灌溉。

6. 及时清除病毒、病果，清洁田园，整枝时接触到病株、病果时应及时洗手消毒。

（二）物理防治

1. 灯光诱杀

利用害虫对光的趋性，用黑光灯、频振式杀虫灯等进行诱杀。尤其在夏秋季害虫发生高峰期对蔬菜主要害虫可起到良好的诱杀作用。使用频振式杀虫灯减少了农药使用量，减少了对环境的污染，减少了对天敌的杀伤，不会引起人畜中毒。而且省工、省力、方便，经济效益、生态效益和社会效益均十分显著。近年来，频振式杀虫灯已在全国蔬菜生产中广泛推广应用。

2. 性诱剂诱杀

这是近年来发展起来的一种治虫新技术，具有高效、无毒、不伤害益虫、不污染环境等优点。在害虫多发季节，每667m² 菜田排放水盆3~4个，盆内放水和少量洗衣粉或杀虫剂，水面上方1~2cm处悬挂昆虫性诱剂诱芯，可诱杀大量前来寻偶交配的昆虫。

3. 黄蓝板诱杀

即利用害虫特殊的光谱反应原理和光色生态规律，用黄蓝板诱杀害虫。在温室大棚内采用悬挂粘虫板，遮挡和诱杀蚜虫、粉虱等小飞虫。种植番茄的日光温室内悬挂粘虫板，一般每667m² 中型板（25cm×20cm）悬挂50个左右（其中黄板30个、蓝板20个），并且要均匀分布。用塑料绳或铁丝一端固定在温室大棚顶端，另一端拴住捕虫板预留空眼；悬挂高度要高出作物顶部10cm，并随作物的生长高度而调整。

4. 防虫网隔离技术

防虫网是一种采用添加防老化、抗紫外线等化学助剂的优质聚乙烯原料，经拉丝织造而成，形似窗纱，具有抗拉力强度大、抗热耐水、耐腐蚀、耐老化、无毒无味的特点。蔬菜防虫网是以防虫网构建的人工隔离屏障，将害虫拒之于网外，从而达到防虫保菜的效果。防虫网覆盖栽培，是农产品无公害生产的重要措施之一，对不用或少用化学农药，减少农药污染，生产出无农药残留、无污染、无公害的蔬菜，具有重要意义。

（三）化学防治

化学农药仍是目前防治病虫害的重要而有效的手段。无公害蔬菜并非不使用化学农药，关键是如何科学合理地使用。严格控制蔬菜的农药残留不超标和严格控制蔬菜的农药安全使用间隔期，是保证化学农药不超标的重要措施。

1. 晚疫病

番茄晚疫病又称疫病，是流行性很强、破坏性很大的病害，给番茄生产造成很大为害，严重时造成大片死苗和烂果，可使整个棚室毁坏。

该病在番茄的整个生育期内都可以感病，主要为害叶片、花序、茎秆以及青果。一般从植株中下部开始发病，发病叶片一般从叶缘开始，出现暗绿色水浸状不规则斑点，病健交界处不明显；病斑由叶片向主茎发展，造成主茎变细呈现黑褐色；青果染病，果实肩部产生暗绿色的近圆形污斑，后变褐色凹陷，有时可波及半个果实，湿度大时病部产生稀疏的白霉；花序染病，最初先从花柄显症，花柄变黑、缢缩，严重时整个花序凋落。发病初期可使用72.2%霜霉威盐酸盐水剂800倍液、58%甲霜灵·锰锌可湿性粉剂500倍液。以上各种药剂可轮换选用，进行茎叶喷雾，视病情每隔5~7d1次，连续防治2~3次。

2. 灰霉病

该病在植株的苗期和成株期均可以发病，为害叶片、茎、花序、果实。苗期染病，子叶先变黄后扩展到茎，产生暗褐色病变，病部缢缩，易折断。成株叶片染病，多自叶尖向内呈"V"形腐烂，呈水浸状，后变黄褐色，具有深浅相间的不规则轮纹。果实染病，蒂部残存的花瓣或柱头首先被侵染，并且向果面和果柄扩展，导致幼果软腐。使用的药剂有50%速克灵可湿性粉剂1 000倍液、50%异菌脲可湿性粉剂1 500倍液、40%嘧霉胺悬浮剂1 200倍液、50%凯泽1 200~1 500倍液。每隔7~10d1次，连续防治2~3次。保护地还可以用烟剂、粉尘剂，如百菌清、速克灵烟剂，甲霉灵粉尘剂。

3. 早疫病

为害叶片、茎秆、花、果实。成株叶片染病产生褐色坏死小点，后扩展成圆形或近圆形病斑、黑褐色，具有同心轮纹，用放大镜观察，轮纹表面有刺状物产生，病斑直径可达10mm，当湿度大时，分生孢子和分生孢子梗发育形成灰色霉层。发病后期，病斑可在茎上以及花托上发生，引起上部茎坏死和花托变黑、枯死。果实染病始于花萼附近，产生褐色椭圆形病斑，病斑直径可达10~

20mm，病斑上部可产生黑褐色霉层。药剂防治：70%代森锰锌可湿性粉剂 500 倍液，50%异菌脲可湿性粉剂 1 000 倍液，58%甲霜灵·锰锌可湿性粉剂 500 倍液，47%春·王铜可湿性粉剂 800～1 000倍液。以上药剂可根据具体情况轮换交替使用。

4. 枯萎病

番茄枯萎病发生在番茄生长的中后期，最早发病时间是开花以后。发病初期，病茎一侧自下而上出现凹陷，致使一侧的叶片发黄，变黄后可使一侧首先枯死，继而整株死亡。剖开病茎可见维管束变褐，湿度大时病斑处由于分生孢子不断繁殖的结果，产生红褐色的霉层。感病初期，采用85%三氯异氰脲酸 1 000 倍液进行叶面喷雾，连续使用 2～3 次，用药间隔期 5～7d。

5. 煤污病

病菌主要为害番茄的叶片，初在番茄的叶正面产生稀疏的霉丛，后变成灰黑霉层，当病情严重时，叶背面的组织坏死，叶片逐渐变黄干枯。发病初期使用 72.2%霜霉威盐酸盐水剂 800 倍液，72%锰锌·霜脲可湿性粉剂 600 倍液进行茎叶喷雾，连续用药两次，用药间隔期 5～7d。

6. 溃疡病

番茄的整个生育期均可发病。幼苗发病，真叶从下向上开始萎蔫，叶柄或胚轴上产生凹陷的坏死斑，横剖病茎可见维管束变褐，髓部出现空洞，可致幼苗死亡。成株染病，从下部叶片开始显症，发病初期，叶片边缘退绿打蔫后卷曲，严重后叶柄、侧枝上产生灰褐色条状枯斑，茎部开裂，剖茎可见，髓部开始变空，维管束变褐。病茎变粗，在病茎处，产生许多不定根或瘤状凸起，最终病茎髓部全部变褐，造成全株死亡。染病果实上产生特征性的鸟眼斑，多个病斑融合使果实表面粗糙。发现病株及时拔除，喷洒 52%代森锌·王铜 800 倍液，77%氢氧化铜可湿性微粒粉剂 800～1 000倍液，15%四霉素 800 倍液。

7. 青枯病

番茄青枯病又称细菌性枯萎病。进入花期，番茄株高 30cm 左右，青枯病株开始显症，先是顶端叶片萎蔫下垂，后下部叶片凋萎，中部叶片最后凋萎，也有一侧叶片先萎蔫或整株叶片同时萎蔫的。发病初期，病株白天萎蔫，傍晚恢复，叶片变浅绿，病茎表皮粗糙，茎中下部增生不定根或不定芽，湿度大时，病茎上可见初为水浸状后变褐色的斑块，病茎维管束变褐色，切面上维管束溢出白色菌浓，病程进展迅速，严重病株 7~8d 即可死亡。发病初期喷洒 52%代森锌·王铜 500 倍液、15%四霉素 600 倍。连续用药 2~3 次，用药间隔期 5~7d。

8. 黄化曲叶病毒病

番茄植株感染病毒后，初期主要表现生长迟缓或停滞，生长点黄化，节间变短，植株明显矮化，叶片变小变厚，叶质脆硬，叶片有褶皱、向上卷曲，叶片边缘至叶脉区域黄化，以植株上部叶片症状典型，下部老叶症状不明显；后期表现坐果少，果实变小，膨大速度慢，成熟期的果实不能正常转色。番茄植株感染病毒后，尤其是在开花前感染病毒，果实产量和商品价值均大幅度下降。采取措施防治好烟粉虱、是控制病害蔓延的关键。

防治方法：

①通过选用 50~60 目防虫网覆盖栽培，在大棚内挂黄板诱杀，及时摘除老叶和病叶，清除田间和大棚四周杂草等措施，可以降低烟粉虱虫口密度，切断传播途径，减少发病。

②叶面喷施 80%抗败坏血酸、98%牛蒡寡聚糖 1 500~2 000倍，以增加番茄的抗病性，降低发病概率。

③由于当前没有治疗番茄黄化曲叶病毒的特效农药，田间一旦发现病株，应立即拔除进行销毁，防止病害进一步传播蔓延。

第二节 茄子设施栽培技术

一、茄子的特性与棚室栽培

(一) 形态特征

(1) 根 茄子的根系发达,属于纵向型直根系。主根垂直伸长,深度可达 1.3~1.7m。侧根分布不及番茄根系。主要根群分布在 30cm 的土层中。茄子根系木质化较早,生成不定根的程度相对弱一些,侧生根生成短,分布在 5~10cm 左右的土层中。茄子根不像番茄根系再生能力较强,损伤后较难恢复。因此,育苗时不强调多次移栽来刺激旺盛生长的幼根系,应考虑采用营养钵育苗或穴盘无土育苗等方法。茄子根系需氧量大,田间积水、大水漫灌,土壤板结均会致使根系窒息,不利于根系生长,造成植株萎蔫死亡。因此,起高垄栽培和疏松土壤,是棚室茄子高产种植的重要措施。

(2) 茎 茄子茎幼苗期为草质,成苗后逐渐木质化,随着成株挂果,粗壮的木质化枝茎成为丰产结茄的支架。

茄子分枝方式为双杈假轴分枝。主茎生长到一定节位时顶芽分化成花芽形成结果的单花或簇花,下面的两个腋芽萌发抽生为侧枝。以后每个侧枝再现 2~3 个叶后,顶芽又分化花芽,花芽下面再一次分枝,于是就构成了连续的双假轴二杈分枝。根据分杈、结果顺序从下到上依次成为人们常说的"门茄""对茄""四门斗""八面风""满天星"之说。茄子的枝干短截后,隐芽萌发会进一步结果,这为茄子植株更新结果提供了可能。

(3) 叶 茄子叶子为单叶、互生、柄长、叶形与品种特性有关。叶片边缘有波浪状的缺刻,叶面粗糙有茸毛,叶脉和叶柄有刺毛。叶片颜色与品种果色有关,紫色茄叶脉为绿色。

(4) 花 茄子花为两性花。一般为单生,也有簇生。白花授粉。开花时,花粉从花药顶孔开裂散出。依据雌蕊柱头长短分为长柱花、中柱花、短柱花。花柱高出雄蕊为长柱花，柱头与雄蕊平齐为中柱花，长柱花和中柱花花大色深为健全花，可以正常授粉结果；花柱低于雄蕊或退化为短柱花，花小色淡、花梗细多为不健全花，一般不能正常结果。未经受精而结果实多为僵果，俗称石茄子，单性结实的茄子除外。

花器的大小多与生长势有关。植株生长健壮，叶大肉厚，叶色浓绿带紫，其花也肥大、花梗粗、花柱长。生长不良的植株，茎叶细小，花器也瘦小，花色淡、花柱短。土壤干旱或营养不良均会影响花器的发育，棚室栽培中应及时采取措施促使植株健壮，保证正常的生长发育。

（5）果实　茄子果实属于浆果。开花以后果实的细胞分裂已经结束，开花后主要靠海绵组织细胞的膨大而长成果肉。海绵组织细胞的紧密程度决定着果肉的质地。一般圆茄果肉比较致密，细胞排列紧密、间隙小；长茄果肉比较松散。

果实的形状有圆形、椭圆形、卵圆形、扁圆形和长形。果实颜色有紫红色、紫黑色、绿色。白色等。

（6）种子　茄子的种子扁圆形或卵圆形、黄白色。种皮有蜡质层，坚硬，不易透水透气。千粒重 4~7g，每克种子 150~250粒。种子的寿命为 3~5 年不等。

（二）生育周期

茄子一生大致分三个时期，即发芽期、幼苗期和开花结果期。

（1）发芽期　从种子吸水萌动到第一片真叶出现，约 20d。此期应给予较高的温、湿度，出苗后应光照充足，以防止徒长。

（2）幼苗期　从第一片真叶出现到现蕾是幼苗期，50~60d。在幼苗期营养生长和生殖器官分化同时进行。幼苗 4 叶期以前主要是营养生长，3~4 叶期开始花芽分化。一个花房多数情况下只分化一朵花。在适宜的温度范围内，温度稍低，花芽分化时间略微迟缓一些，但分化出的长花柱居多。苗期昼夜温 25℃左右，夜温保持 15~20℃较为适宜。棚室昼夜温度长期低于 15~10℃将严重影响花芽分化。

（3）开花结果期　茄子的结果习性是相当有规律的，这与茄子分权有关，每分一次权就结一层果实。按果实出现的先后顺序我们习惯上称为"门茄""对茄""四门斗""八面风""满天星"。开花数字呈几何倍数增长。前三层的分权和果实分布比较准确，后面由于各分枝的营养不均衡，会有不太规律的果实分布。果实从开花到瞪眼、到成熟约需 18~25d，到种子成熟还需要 30~40d。

(三) 对环境条件的要求

（1）温度　茄子喜温，对温度的要求比较高（比番茄还要高一些）。茄子耐热性强，发芽期最适宜温度为 30℃，低于 25℃发芽缓慢。采用变温交替催芽处理效果会好一些。

茄子生长发育适宜生长温度为 20~30℃，气温低于 20℃，授粉和果实发育将受到影响；低于 15℃，生长缓慢，易落花。茄子停止生长的温度是 13℃。低于 10℃时茄子的新陈代谢就会紊乱。在 0℃时茄子会受冻害，持续时间长了，会因此死亡。相反温度高于 35℃时，花器容易老化，短花柱比率增加，畸形果多或落花落果现象严重。根据茄子的适宜生长对温度条件的要求，棚室栽培冬早期育苗，保温、加温环节是非常重要和必需的。

（2）光照　茄子属于喜光作物，对光照要求不是很严格，但是日照时间越长，生长发育就越旺盛，花芽分化早，植株生长发育健壮。弱光条件下或光照时间短的环境里，会严重降低茄子花芽分化的质量，短花柱增多，落花率增加，果实着色不好，尤其是紫色品种受影响更大。创造良好的光照环境与合理密植是茄子高产、优质的基本条件。棚室栽培茄子对塑料薄膜有一定要求，需使用紫光膜即醋酸乙烯转光膜或聚乙烯白色无滴膜，以保证茄子着色均匀，商品性好。

（3）水分　茄子对水分的需求量大，土壤含水量以 70%~80% 为宜。茄子不同的生长发育时期需水量有所不同，门茄时相对需水量较少，随着门茄的迅速增大，需水量逐渐增多，直到对茄子收获后需水量是最大的。满足茄子的需水量，对保证果实表面细腻和品质有着极大作用。但是茄子又怕过度潮湿和积水，要随时防止土壤板结，改善土壤通透环境，空气相对湿度应控制在70%~80%。

（4）土壤　茄子喜欢中性土壤，但在微酸性到微碱性的土壤上亦能正常生长。茄子对肥量需求较高，这是由茄子的生长期长、产量高的特性决定的。肥料的需求上中后期需求量比前期多1/3。茄子整个生育期都需要氮肥，氮不足生长势弱，分枝少，落花多，果实生长慢，果色不佳。多施磷肥可促进提早结果，充足的钾肥又可增加产量，在茄子生长中，吸收氮、磷、钾的比例约为3：1：4，因此底肥不足时，尽快用追肥补充，以保证茄子正常生长的养分需求。

二、茬口安排与品种选择

（一）茬口安排

茄子茬口有很多，已形成了日光温室、大棚种植、中小棚种植、地膜覆盖和露地种植等多种形式共同发展的生产格局，不同地区茬口安排不同。

（二）品种

1. 茄杂2号

中早熟，生长势强，叶片绿色，叶脉浅紫色。始花着生于第8~9节，果实圆形，紫黑红色。光泽度好，果肉浅绿白，肉质细腻，味甜，单果重800~1 000g，最大2 000g，果实内种子少，大而不老，品质好。膨果速度快，从开花到采收15~16d，连续坐果能力强。抗逆性较强，较抗黄萎病，耐绵疫病，适应性广。一般每667m² 产7 000~10 000kg，最高达15 000kg。适合于春季大棚、双覆盖及露地栽培。供种单位：河北省农林科学院经济作物研究所。

2. 茄杂1号

早熟，丰产，抗寒能力强。果实紫色，高圆形，单果重600~

800g。单株结果数多，膨果速度快。每 $667m^2$ 产 6 000kg 以上，适合春早熟栽培。供种单位：河北省农林科学院经济作物研究所。

3. 黑茄王

耐热，抗病。株型紧凑，果实圆形，紫黑油亮，无绿顶，商品性好。籽少。单果重 800g，每 $667m^2$ 产 5 000kg，适合露地、越夏栽培。供种单位：河北省农林科学院经济作物研究所。

4. 茄杂 6 号

早中熟，门茄节位 8 节左右，生长势较强，株型紧凑，叶片窄小、上冲；果实扁圆形，果皮紫黑色、油亮，果面光滑，果顶、果把小，无绿顶，果肉浅绿色，肉质细密，味甜；单果重 900g 左右，商品性佳，每 $667m^2$ 产量 6 500kg 左右。适合春、秋大棚及露地栽培。供种单位：河北省农林科学院经济作物研究所。

5. 茄杂 7 号

中晚熟，植株生长势强，株型紧凑，叶片上冲，门茄节位 10~11 节。果实长筒形，略带尖，果实长 28~30cm，果粗 8~10cm，果面光滑，果色紫黑，光泽度好，果肉浅绿白，单果重 630~700g，商品性好。一般每 $667m^2$ 产 5 500~6 000kg，抗黄萎病能力强，适合秋棚栽培。供种单位：河北省农林科学院经济作物研究所。

6. 茄杂 12

早熟，株型较小，门茄节位 6 节。果实扁圆形，紫黑色，有光泽，果肉浅绿白，肉质紫，商品性好，平均单果重 713.9kg。每 $667m^2$ 产 6 000kg 左右。耐低温弱光、易坐果、着色好、产量高，适合越冬温室春大棚栽培。供种单位：河北省农林科学院经济作物研究所。

7. 茄杂 13

早中熟，植株生长势强，株型高大，门茄节位 7~8 节。果实圆形，紫黑色，果肉浅绿白色，肉质细腻，果面光滑，光泽度好，单果重 800~1 150g。果实膨大速度快，连续采收期长，抗逆性强，丰产性好，每 $667m^2$ 产 7 000kg 左右。适宜早春保护地和露地种植。供种单位：河北省农林科学院经济作物研究所。

8. 农大 601

中早熟圆茄，果皮黑亮，着色均匀，果肉紧实、细嫩、籽少，商品性状优良，丰产性好，抗病性强，性状整齐一致；坐果早，膨果快且连续集中。适合于早春，秋延后棚室栽培。供种单位：河北农业大学园艺学院。

9. 快星 1 号

杂交一代早熟圆茄，果紫红色发亮，果肉细嫩，平均单果重500g 以上，生育期较短，株高 70cm，较直立，透光性好，始花节位 7~8 节，膨果快，结果能力强，植株抗枯萎病和黄萎病，耐寒，平均每 667m² 产 5 000kg 以上。适于早春保护地及露地栽培。供种单位：河北农业大学园艺学院。

10. 紫月

果形长棒槌形，杂交一代，中熟长茄。株高 90~100cm，株展75cm，果长 35cm，果粗 3~5cm，结果性好，光泽，单果重 200g，抗病优质。每 667m² 产 4 000~5 000kg。适于早春保护地、露地及越夏栽培。供种单位：河北农业大学园艺学院。

11. 墨星 1 号

杂交一代早熟圆茄，果圆形略扁，紫黑油亮。此茄生育期短，株型较紧凑，生长前期叶面有刺，始花节位 6~7 节，低温坐果能力强，结果性好，籽少，果肉细嫩，不易老，耐贮运，平均单果重500g 以上，抗枯黄萎病，耐寒，平均每 667m² 产 5 000kg 左右。适于早春保护地及露地栽培。供种单位：河北农业大学园艺学院。

12. 布利塔

果实棒槌形，紫黑色，绿把，绿萼片，质地光亮油滑，比重大，味道好，耐运输。果重 450~500g。无限生长型品种，叶片中等大小，耐低温，耐弱光，早熟，每片叶一个花，坐果多，产量高，长季节栽培每 667m² 产 10 000kg 以上。供种单位：荷兰瑞克斯旺种业。

13. 尼罗

果实长形，紫黑色，绿把，绿萼片，质地光亮油滑，比重大，味道好，耐运输。果实重 350~400g。无限生长型品种，叶片中等大小，耐低温，耐弱光，早熟，每片叶一个花，坐果多，产量高，长季节栽培每 $667m^2$ 产 10 000kg 以上。供种单位：荷兰瑞克斯旺种业。

14. 安德烈

果实灯泡形，紫黑色，绿把，绿萼片，质地光亮油滑，比重大，味道好，耐运输。果重 350~400g。无限生长型品种，叶片中等大小，耐低温，耐弱光，早熟，每片叶一个花，坐果多。产量高，长季节栽培每 $667m^2$ 产 15 000kg 以上。供种单位：荷兰瑞克期旺种业。

15. 朗高

果实长形，紫黑色，绿把，绿萼片，质地光亮油滑。无限生长型品种，叶片中等大小，耐低温，耐弱光，早熟，果重 400~450g，产量高，长季节栽培每 $667m^2$ 产 10 000kg 以上。供种单位：荷兰瑞克期旺种业。

16. 紫光圆茄

生长势强，叶片绿色，叶脉浅紫色。始果着生于第 9~10 节，果实圆形，紫黑红色，紫萼片，光泽度好，果肉浅绿白，单果重 800~1 000g。适于越夏栽培或恋秋露地栽培。供种单位：邯郸农业技术高等专科学校园艺系。

17. 超九叶圆茄

中晚熟。果实圆形稍扁，外皮深黑紫色，耐贮运，有光泽；果肉较致密，细嫩，浅绿白，稍有甜味，品质佳。单果重 1 000g，一般每 $667m^2$ 产 4 000~5 000kg。

18. 引茄 1 号

长形茄，株型较直立紧凑，开展度 40cm×45cm，结果层密，坐果率高，果长 30~38cm，果粗 2.4~2.6cm，持续采收期长，生长势旺，抗病性强，根系发达，耐涝性强。商品性好。果形长直，不易打弯，果皮紫红色，光泽好，外观光滑漂亮，皮薄、肉质洁白细嫩，口感好，品质佳，一般每 667m² 产 3 500~3 800kg。供种单位：浙江省农业科学院。

栽培要点：适宜冬春保护地、春季露地等模式栽培。

（三）购买茄种应注意的问题

1. 根据棚的类型、种植模式选择适宜的品种

越冬茬一般选用耐低温、耐弱光的品种，如茄杂 12、布利塔、尼罗等，早春季选用茄杂 12、茄杂 6 号、茄杂 2 号、茄杂 13、农大 601、墨星 1 号等品种，越夏露地栽培选用耐热品种，如茄杂 6 号、黑茄王、墨星 1 号、紫光圆茄等均可。

2. 根据管理水平选择优质、高产、抗性强的品种

不选择没有在当地经过示范试验的品种，避免不必要的经济损失和减产纠纷。买种子不同于买农药，若农药的药效不理想，还可以补救，种子一旦出现问题，则会错过种植季节，这就是农民常说的"有钱买籽，没钱没苗"的道理。更不要听信不负责任的种子经销商的诱惑和忽悠。在没有经过当地技术部门大面积示范的前提下，任何许诺或赊欠种子的行为，都会给菜农埋下经济损失的隐患，这方面的教训是惨痛的。尤其是越冬、早春栽培品种，品种的耐寒、耐弱光、耐低温的能力以及抗黄萎病性能都是影响茄子经济效益的重要因素，这些都是选择品种的关键。

3. 根据当地市场销售渠道和价格优势选择品种

各地消费者在长期的生活中养成了不同的消费习惯，有的喜食长茄，有的喜食圆茄。因此，在选择茄种时应根据当地市场销售渠道和价格优势来选择不同的品种。

三、育苗技术

（一）育苗方式

苗期在整个茄子生产中占有举足轻重的地位，秧苗的优劣直接

影响着定植后植株的长势乃至最终的产量。早春栽培从时间上说苗期占整个生长期的1/3~1/2，且正处于一年中温度较低的季节，技术要求较高。夏季育苗，由于高温、病虫害等影响，也增加了培育优质壮苗的难度。所以育苗技术非常关键。

不同地区、不同茬口、不同的棚室种植模式，由于育苗时间所遇到的温度条件不一样，或由于当地的经济条件和生产习惯不同采取的育苗方法不同，但是创造一个适宜的茄子幼苗生长的环境，培壮苗是最终目标。育苗方式主要有以下几种。

（1）苗床营养土育苗　在棚室里建立一个阳畦式温床，把营养土直接铺入育苗畦中，厚度10cm左右，把种子撒播在小面积的土盘或土盆中，待幼苗出土生长至1~2片真叶时，再移栽至棚室中的育苗畦。

（2）营养钵育苗　将营养土装入育苗钵中，育苗钵大小以10cm×10cm或8cm×10cm为宜，装土量以虚土装至与钵口齐平为佳，播种后施花土覆盖，也可以先把种子撒播在小面积的土盘中，待出土生长至1~2片真叶时再移栽营养钵中。生产中也有育苗阳畦与营养钵结合育苗的方式，集中营养钵放置育苗畦中。棚中棚保温效果更好。

（3）穴盘无土育苗　目前生产上应用较多且简便易行、成活率高的穴盘无土育苗技术，此技术已经在蔬菜主产区种植基地许多小规模专业合作社形式下的育苗农户以及蔬菜示范园区广泛应用，效果良好。根据育苗季节不同选择不同的苗盘，冬春季育苗育5~6片叶苗，苗龄60~80d，一般选用50孔或72孔苗盘；夏季育苗由于气温高，苗期短，一般选72孔苗盘。育苗基质为草炭、蛭石、废菇料、有机肥等。

（4）营养块育苗　引用已经配置好的营养草炭土压制成块的定型营养块，直接播种至土块穴中覆土，按常规管理法即可。

（5）现代化工厂化育苗　采用草炭：蛭石：鸡粪：牛粪为1：2：1：1或1：1：0.5：0.5，再加入少量缓释肥料，鸡粪牛粪需腐熟过筛。采取现代化的温控管理。

（二）育苗土的配制

（1）营养土配制 茄子育苗营养土要求疏松、肥沃、保水力强，一般按园田土 6 份、腐熟圈粪 3 份、腐熟马粪 1 份的比例配制。若土质黏重，可按园田土 4 份、圈粪 3 份、牛马粪 3 份的比例配制。另外，每立方米营养土加过磷酸钙（或磷酸二铵）和硫酸钾各 0.5kg，均匀喷拌于营养土中，为防止苗期病虫害的发生，每立方米可加入 68% 金雷可分散粒剂 100g 和 2.5% 适乐时悬浮剂 100mL 随水解后喷拌营养土一起过筛，用这样的药土装入营养钵或做苗床土铺在育苗畦上，可有效地防止苗期立枯病、炭疽病和猝倒病等病害。

（2）穴盘基质配制 按体积计算基质配比，用草炭∶蛭石∶鸡粪∶牛粪为 1∶1∶0.5∶0.5，或草炭∶蛭石为 2∶1，或草炭∶蛭石∶废菇料为：1∶1∶1，每立方米加入 1∶1∶1 的氮磷钾三元复合肥 1~2kg，冬春季育苗用肥多，夏季育苗用肥少些。料与基质混拌均匀后备用。

（三）播用育苗

1. 育苗时间

根据当地气候条件和定植适期确定播种期。一般常规苗龄 80~100d，北方冬春棚室如果保温设施好，茄苗生长速度快。茄子的适龄壮苗标准是：茎粗壮，株高 18~20cm，叶厚色深，早熟品种 6~7 片叶，中晚熟品种 8~9 片叶，根系洁白发达，70% 以上现蕾；日历苗龄 90~100d，若采用酿热温床或电热温床地温高，秧苗发育快，素质好，苗龄可适当缩短为 80~85d。

（1）春季棚室、双覆盖栽培 晋、冀、鲁、豫、辽、京、津区域一般 12 月上旬至翌年 1 月上旬播种，3 月上旬至 4 月上旬定植。定植适期的关键是棚内气温不低于 10℃，10cm 地温稳定在 13℃ 以上 1 周的时间，从定植适期再往前推算一个苗龄的时间即为播种适期。

冬早春育苗，遇降温时，建议使用生长调节剂 3.4% 碧护可湿性粉剂 7 500 倍液喷施，可提高茄苗的抗寒性。

（2）日光温室秋冬栽培　茄子育苗时间为 7 月中、下旬至 8 月上旬，日历苗龄为 35~40d，8 月下旬至 9 月上旬定植。培育适龄壮苗是这茬栽培成功的关键。高温、多雨、强光、虫害、干旱及沤根等，都是诱发病害发生及蔓延的重要因素。应选择通风条件好、地势高燥的地方作苗床，有利于排水、防徒长，在苗床上插起不小于 80cm 高的竹拱架，上面搭旧塑料布、遮阳网或竹帘，以防强光、避高温、遮雨和防露水。夏季育苗用营养钵最好，每 667m^2 需育苗面积为 40~50m^2 间苗后可直接栽到大田。有条件的地方，在苗床周围用尼龙网纱围起来，防止害虫迁入。

苗子出土后要耕松土，防苗徒长和防病。防徒长可喷矮壮素或多效唑。2 叶后喷施 25% 阿西米达悬浮剂 2 000 倍 10d1 次，预防苗期病害，假如没有加盖防虫网，放置黄板诱蚜措施还要考虑离治蚜虫、蛐蛐和螨类等药剂。

（3）越冬一大茬栽培　育苗一般在 8 月下旬至 9 月上旬、中旬。对于深冬茬茄子，为增强耐寒能力，提高茄子对黄萎病、青枯病、根线虫病和根腐病的抗性，一般采用嫁接栽培，育苗时间提前至 7 月中旬到 8 月中旬。此时多数地区的温室尚未建立起来，在温度较高的黄淮地区，可在露地做畦育苗，待分苗时，再转入温室中。露地育苗也要搭起拱架，上覆棚膜防雨，重点是加强夜间的保温。高纬度或高寒地区，须在温室或阳畦育苗，保温防寒尤为重要，如采取嫁接育苗，保温工作就显得更为重要。砧木可采用托鲁马姆。刺茄（CRP）或赤茄，以托鲁马姆嫁接的防黄萎病效果最好，生长势增强明显，生产上应用最多，砧木托鲁马姆每 667m^2 用种 10~15g，接穗品种每 667m^2 用种 30~40g。

2. 种子处理

播种前检测种子发芽率，选择发芽率大于 85% 以上的籽粒饱满、发芽整齐一致的种子。已包衣种子可直接播种，未包衣的种子播种前首先用1%的高锰酸钾溶液浸种30分钟，捞出淘洗干净，再用温汤浸种法，即55℃水浸种并不断搅拌，用水量为种子的5倍，浸泡15分钟，再用常温水浸泡20~24小时，然后搓去种皮上的黏液，洗净后摊开晾后装入纱布袋，放在28~30℃恒温箱中催芽，催芽过程中不必每天用清水淘洗保持纱布湿润即可，注意翻倒装有催芽种子的布袋使其受热无效，大约需3~5d出芽，若每天16小时30℃，8小时20℃变温催芽，能明显提高出芽的整齐度，且芽壮，茄子种子浸种后也可不催芽直接播种。

夏季育苗，除上述处理外，还要用10%磷酸三钠处理15~20分钟，然后用清水冲洗干净以杀灭种子表面的病毒，风干后播种。

嫁接使用的砧木种子发芽和出苗较慢，尤其是托鲁马姆种子休眠性强，提倡用催芽剂或赤霉素处理，将砧木种子置于55~60℃温水中，搅拌至水温30℃，然后浸泡2小时，取出种子风干后置于0.1%~0.2%赤霉素（九二〇）溶液中浸泡24小时，处理时放在20~30℃温度下，然后用清水洗净、变温催芽。砧木种子应比接穗早播15~20d，一般砧木种子出苗后再播接穗种子，待砧木苗长到5~7片真叶、接穗（茄子苗）5~6片真叶时，进行嫁接。

3. 播种及苗期管理

（1）播种 播前用清水将基质或营养钵喷透，以水从穴盘孔滴出为宜，使基质达到最大持水量。待水渗下后播种，播种深度大于1cm，播后覆盖蛭石，喷洒68%金雷水分散粒剂600倍液或72.2%普力克水剂800倍液封闭苗盘，预防苗期猝倒病。冬季育苗，苗盘上加盖一层地膜水保温，夏季可不盖膜，但要及时喷水。

培育自根苗，最好用育苗钵或穴盘育苗，以保护根系。需要分苗的，可在露地做平畦育苗，待分苗时，再转入温室中。出苗期间温度以白天25~30℃、夜间18~20℃为宜，出苗至真叶展开期，夜温降至16℃左右、土温18℃以上为宜。为防止"戴帽"出土，拱土时可覆一次湿润的细土。

（2）间苗和分苗　为保持适当的营养面积，齐苗后应及时间苗，保持苗距2~3cm。间拔小苗、弱苗，防止秧苗过密造成高脚苗和弱苗，这段时间一般不浇水。当幼苗长到2~3片真叶时分苗，以免影响花芽分化。分苗前一天喷透水，起苗直要尽量少伤根，分苗密度以苗距10cm为宜。苗距过小，不仅影响花芽分化，造成短柱花增多。缓苗后，可叶面喷洒尿素、磷酸二氢钾、糖、醋各0.3的混合液肥。

把苗子移栽到营养钵内或秧畦中，分苗步骤是：挖沟，顺沟浇水，按10cm苗距摆放茄苗，覆土。

（3）苗期管理　茄子是喜温作物，苗床温度管理掌握"两高两低一锻炼"的原则。播种后的出苗附段和分苗的缓苗阶段，适当提高管理浊聋哑，以白天28~30℃、夜间25~20℃、地温以19~25℃为宜。齐苗后缓苗后，为保证幼苗正常健壮生长和花芽分化及发育，以白天上午25~28℃不超过30℃、下午25~20℃、前半夜20~18℃、后半夜以17~15℃为宜。阴天适当降低昼夜管理温度。定植前7~10d进行低温炼苗。整个苗期地温掌握在18~22℃，不低于16℃。苗床温度主要通过放风量和揭盖草苫的早晚来调节。还要注意结合温度管理放风排湿防病。

为改善床面光照情况，要注意选用无滴膜，经常清扫膜面，尽量早揭晚盖草苫，增加光照时间，阴天也要坚持揭苫见散射光。遇连阴天，可用人工补光，但一般要达到2 000~3 000lx以上才能有效。

4. 嫁接育苗

越冬温室栽培7月下旬将催好芽的砧木种子直接播在营养钵中，覆1cm的细土。砧木开始出苗（约25d）时，在沙盘播接穗出苗后，适当间苗。接穗种子嫁接一般采用劈接法。当砧木、接穗5~7片真叶时为嫁接适期，越冬温室栽培的时间为9月中、下旬。嫁接前一天上午，用80万单位青霉素、链霉素各1支对水15kg喷洒幼苗，或喷800~1 000倍的75%百菌清可湿性粉剂（达科宁）消灭感染源，并拔除病苗。砧木苗子嫁接前应适当控水，以防嫁接时胚轴脆嫩劈裂。从砧木基部向上数，留 2 片真叶，用刀片横断茎部，然后由切口处沿茎中心线向下劈一个深 0.7～9.8cm 的切口，再选粗度与砧木相近的接穗苗，从顶部向下数，留 1～2 片叶子，把茎削成两个斜面长 0.7～0.8cm 的楔形，将其插入砧木的切口中，要注意对齐接穗和砧木的表皮，用嫁接夹夹好，摆放到小拱棚里。

嫁接后的管理：嫁接后把苗钵摆在苗床上并浇透水，盖上小拱棚，保温保湿，适当遮阴，前 5d 温度白天保持 24～26℃、夜间保持 18～20℃，棚内相对湿度 90% 以上，5d 后逐渐降低湿度，保持空气相对湿度 80%，逐渐通风，苗要适当见光，8d 后空气相对湿度达到 70%，10d 后去掉小拱棚、拿掉嫁接夹，转入正常管理。砧木的生长势极强，嫁接接口下面经常萌发出枝条，应及时抹去，以免消耗营养。

嫁接苗定植时注意事项：定植时注意嫁接苗刀口位置要高于栽培畦土表面 3cm 以上，以防接穗根受到二次污染致病。

四、整地与施肥

1. 棚室消毒

定植前 15d，每 667m² 用硫磺粉 1.5～2.5kg 或敌敌畏 250mL，与锯末混匀后点稀，密闭 24 小时熏蒸消毒。还可密闭温室 20d 左右进行高温闷棚。越冬周年生产的棚室连作栽培的地块，应该考虑采用高温闷棚方法进行的土壤消毒灭菌，这样可有效降低土壤中病菌和线虫的为害。其操作顺序是：7—8 月拉秧，深埋感病植株或烧毁，撒施石灰和稻草或秸秆及活化剂，一同施入腐熟鸡粪、农家肥、磷酸二铵，深翻土壤，大水漫灌，铺上地膜和封闭大棚，持续高温闷棚 20～30d，保持土壤测温表，观察土壤温度。揭开地膜晾晒后即可做垄定植。这个方法可有效杀死土壤中的病菌与虫卵。

处理后的土壤栽培前应注意增施磷、钾肥和生物菌肥。

2. 施肥方案与做畦模式

（1）越冬茬长期栽培　一定要多施基肥。一般每 $667m^2$ 施腐熟草圈粪 10 000kg，并进行深翻，腐熟鸡粪 $2～3m^2$，磷酸二铵 30～50kg，硫酸钾 30～50kg，用于沟施肥。整平地后，按宽行 90cm、窄行 70cm 做南北向的定植沟，沟宽 40～50cm，沟深 30cm，将精肥施入沟内深翻，与土充分混匀，在沟内浇水。水渗后可操作时，起高 20cm、宽 60cm 栽培垄，宽行留 30cm 走道，窄行留 10cm 浇水沟，即膜下暗灌沟。上述工作要在定植前 7～10d 完成。

（2）冬早春栽培　每 $667m^2$ 施腐熟草圈粪 5 000kg，优质腐熟鸡粪 $3m^2$，磷酸二铵 50kg，硫酸钾化肥最好沟肥。采取高畦覆地膜、大小行种植，大行距 80～90cm，小行距 50～60cm，株距 40～50cm，也可采用膜下暗灌形式。

（3）秋立栽培　每 $667m^2$ 施优质农家肥 5 000kg，磷酸二铵 50kg，硫酸钾 30kg 做基肥，深翻混匀，大小行栽培。

（4）春、翻涌大棚种植　每 $667m^2$ 结合整地施入腐熟细碎有机肥 5 000kg。茄子属深根性作物。撒粪后深翻 30cm。可做成高畦，宽 80～90cm，畦高 12～15cm，畦间距 60～70cm，每畦种 2 种，结合做畦，沟施优质腐熟鸡粪 $2～3m^2$、磷酸二铵 30～50kg、硫酸钾 25kg 或过磷酸钙 50kg、饼肥 150～200kg。为提高地温，做畦后应覆盖地膜。也可按大小行做成栽植沟，不覆地膜，日后渐渐培土成高垄，防止挂果后植株倒伏。

五、定植及设定密度

1. 越冬一大茬栽培

定植时间为 10 月，最晚不得超过 11 月上旬，选择晴天上午无风时定植。采用双行错位法定植，选择生长旺盛、整齐一致的苗，按 40～50cm 株距栽苗，密度每 $667m^2$ 1 600～2 200 株，依品种而定。花蕾朝南，栽苗后浇透水，随水穴施硫酸铜 2kg 拌碳酸氢铵 8kg，预防黄萎病。嫁接育出的苗，定植时接口要高出地面至少

3cm 防止接穗接触土壤，产生自生根，进而感染黄萎病，失去嫁接的意义。土壤干湿适度时，进行中耕，增加土壤的通透性，提高土温，促使根系发育，俗话说"根深才能叶茂"。连锄两遍后，覆地膜，从地膜上划个小孔，把苗掏出即可，目的是增温保湿。

2. 冬早春栽培

采取高畦覆地膜、大小行种植，大行距 80~90cm，小行距 50~60cm，株距 40~50cm。也可采用膜下暗灌形式。

选晴天上午定植，按一定的株距在膜上打孔，穴内放水，尔后坐水栽入苗坨，再填上整平，也就是人们熟知的"水稳苗"。栽苗深翻以覆土后土坨在地下 1cm 左右为宜。栽苗 3d 后地温稍有回升，再浇定植水。为了创造更有利于秧苗早发的环境，定植后要盖小拱棚。

3. 秋冬茬棚室栽培

定植时，大部分地区温室的棚膜尚未扣上，有一段或长或短的露地生长时间。每 667m² 栽 1 800~2 500株。定植前一天给苗床浇大水，起苗时尽量少伤根，确保一次全苗。选阴天或晴天的傍晚突击定植，要随栽随顺沟浇大水，以防苗子打蔫。

浇完定植水后抓紧中耕。4~5d 后再浇一次缓苗水，然后掌握由深到浅、由近到远，反复耕 2~3 次，要锄透，并注意向垄上培土，雨后及时松土。

4. 春茬大棚栽培

定植密度依品种和整枝留果数而定，一般密度以每 667m² 1 600~2 500株为宜。茄杂 2 号生长势强，果大，密度可适当放稀，一般每 667m² 1 500~1 600株为宜，高密度栽培不能超过 1 800株。

一般棚内 10cm 地温稳定在 13℃ 以上即可定植。如果大中棚内有保温措施，如地膜小拱棚、中棚加盖草苫等，可适当提前 1~2 周定植。定植采用开沟或挖穴暗水稳苗方法。避免畦面浇大水降低地温，延迟缓苗。栽植宜深些，以畦面高出土坨 1cm 左右为宜。

5. 秋廷后大棚栽培

当苗子 3~5 片真叶，苗龄 30~40d 时，即可定植，一般在 7 月底至 8 月上中旬。结合整地施肥进行作畦。栽植密度因品种而异，一般每 667m² 栽 1 800~2 500株，如茄杂 6 号每株结 3 个茄子打顶，每 667m² 需 2 000~2 200株。为防止苗子日晒萎蔫，定植时应选阴天或晴天的下午，定植水要浇足浇透。对徒长的幼苗，不要栽植过深，可采取卧栽的方法，以促成不定根的形成。

六、田间管理

1. 温度管理

（1）越冬棚室茄子　茄子属典型的喜温作物，生长适温是 22~30℃，低于 17℃生长缓慢，较长时间处于 7~8℃会发生冷害，35~40℃高温对茎叶长花器发育都不利。定植到缓苗期间温度宜高，白天 28~30℃夜间不低于 15℃，地温 20℃左右。缓苗后温度要降下来。为了促进光合作用，利于光合产物的运转和抵制呼吸消耗，正常情况下，一天之中可按四段进行温度管理：果实始收前，晴天上午为 25~30℃，下午为 28~20℃，前半夜为 20~13℃，后半夜为 13~10℃。果实采收期，上午为 26~32℃，下午为 30~24℃，前半夜为 24~28℃，后半夜为 18~15℃。阴天对白天不超过 20℃，夜间为 13~10℃。

在不加温的日光温室里，冬季很难实现上述温度指标。这段时间光照时间短，光照强度弱，管理的温度必须从低掌握，切不可因天气好而盲目放高温。遇有连阴天时，首先要利用各种可行的增温保温设施，尽量不使最低的温度低于 8℃，争取地温在 17~18℃以上。必要时需临时补温的，也只能使温度不下降到最低界限温度以下为度，没有必要使温度很高。否则只有高温，没有相应强度的光照，反而会过度消耗植株体内的养分，对安全度过低温寡照时期不利。严冬过后，春季到来，日照时间越来越长，日照强度也越来越大，天气转暖，气候条件越来越适合茄子生长。这时要逐渐提高管理温度，进而进入按上述指标的正常温度去管理。

定植时，如果天气好、光照强，定植后 1~2d 中午放草苫遮阴。缓苗后嫁接苗生长快，一定要能守中耕措施蹲一苗，防止徒长造成的落花落果。以后随着温度降低，防寒保温为栽培管理的重点，尤其在夜晚，应注意增加温室设施的保温性能，如辽宁海城地区越冬温室配置棉质苫被，山墙外面培玉米秸秆等，后坡覆盖草苫，温室内近门外用塑料薄膜围严，门口封严，必要时在棚面近底脚处再加盖纸被或稻草苫围护，防止棚内近底脚处形成低温带。12月上旬开始进入开花坐果期，此期管理重点是强化温室保温，温度通过盖草苫、放风调节。使用放风筒放风，可减少棚内温度变化的幅度。一般在棚内离后尾脊不远处，从东到西每隔 3m 左右留一个放风筒，支起多少放风筒和放风时间长短，依棚内温度而定。

12 月下旬至翌年 1 月下旬是一年中最冷的季节，茄秧和果实都生长缓慢，这段时期又称缓慢生长期，栽培管理的好坏是越冬栽种成功的关键，较寒冷地区更是如此。缓慢生长期的管理目标是茄秧能安全越冬，果实有一定生长量。主要管理措施是保温防寒。如果室内最低气温降至 10℃ 以下就临时加温，寒潮侵袭期间夜间短时间加温是必需的。

一般情况下白天不放风，上午揭苫时间以揭开之后温度暂时下降 1℃ 左右，20 分钟后又能升温为准，在此前提下尽早揭苫子，使室内早受光并升温。阴天只要不降雪也要揭苫子，充分利用阴天的散射光，室内温度也能上升一些。不揭苫子就照不到散射光，室内得不到热量补充，又持续散热，室内温度就越来越低，无光又低温的环境对茄子生长很不利，因此，最忌阴天不揭苫子，降雪过后应立即除雪，揭开苫子受光升温。如果是雪后初晴，揭苫子时棚膜上应留一部分苫子，也是菜农常说的揭花苫，遮 1~2 小时花阴，防止骤然强光、升温使茄秧生理性脱水萎蔫，掌握气温晴天高，阴天低。下午室内气温降至 20℃ 左右就盖纸被和草苫子等，动作要快，争取在较短的时间内盖完，把较多的热量闷在温室里但又不能盖得过早，要保证光照时间，一般每天至少要有 6 小时以上光照时数，短期 5 小时光照也勉强可以。

2 月中旬以后，随日照时数增加，适当早揭苫，晚盖苫，增加植株见光时间。

（2）秋冬棚室茄子　浇完定植水后抓紧中耕。4~5d 后再浇一次缓苗水，然后掌握由深到浅、由近到远，反复中耕 2~3 次，每次要锄透，并注意向垄上培土，雨后及时松土。

缓苗后，喷 0.4%~0.5% 矮壮素或助壮素（2mL1 支的加水10kg），促使壮秧早结果。

门茄开花前后各喷一次 2 500 倍的亚硫酸氢钠（光呼吸抵制剂），门茄开花时用 50mg/kg 水溶性防落素（即 20L 水对 1mL 防落素）加 20mg/kg 赤霉素（即 50L 水中对 1mg 赤霉素）喷花一次。注意喷杀螨剂防治红蜘蛛、茶黄螨等害虫。

当日平均气温达到 16~18℃ 时，抓紧时间扣膜（紫色或白色膜）。扣膜初期不要完全封严，要通大风。以后随天气转冷逐渐减少通风，使茄子渐渐适应温室环境，直到封严，扣膜后的管理包括：喷雾或烟剂熏蒸，进一步除治虫害，务求不留残虫，继续用防落素处理花，用双干整枝，在肥水管理中，温室内气温原则上不低于 15℃，温度不能保证时，要及时加盖草苫、纸被，在前坡底部和后坡覆草，必要时需临时补温。要定期清洁棚膜，适时揭盖划苫，尽量创造有利于茄子开花结果的光温条件。适时通风排湿，白天温度不超过 30℃。定期用药，搞好防病工作。

（3）棚室冬春茄子

①缓苗期的管理：要尽力创造高温湿条件，有利于提高地温，促进发根。定植后 5~7d 要密封温室和小拱棚，不通风。心叶开始变绿、生长即已缓苗，此时可通风降温，并在行间中耕，中耕要由深到浅、由近到远，避免伤根，反复进行。

②缓苗后到采收前的管理：此期正值早春，气温低，管理上以提高温度为主。夜间一般不要低于 15℃，白天也不要超过 35℃。不能只顾保温而忽视了通风排湿，高温高湿易引起植株徒长，对结

果不利。前期适当控制浇水，到门茄"瞪眼"时开始追肥浇水，一般每 667m² 施复合肥 15~20kg。开花前后 2d 用防落素蘸花一次，冬春茬茄子一般采取双干整枝，用绳吊枝，及时清理下部老、黄叶片，以改善株行间通透条件，减少养分消耗，加速结果，促使早熟。

③结果期的管理：门茄生长时期，白天温度为 25~30℃，前半夜为 16~17℃，后半夜为 13~10℃，当平均地温为 20℃，25~30d 可采收。

日最低气温稳定通过 15℃，可将棚膜撤下来洗净收藏。

（4）春茬大棚茄子 定植后 5~7d 内不通风，提高棚温。白天保持 30~33℃，不超过 33℃，夜间保持在 15℃以上，尽量不低于 13℃，以利开花坐果和果实发育。放风时应掌握先顺风放风，由小到大的原则，不断变换放风口，使棚内植株生长一致。5 月以后，当外界气温稳定在 15℃以上时，要昼夜放风，防止高温障碍，掌握白天不超过 30~33℃，夜间不高于 18~20℃。5 月中下旬，外界气温显著升高，可撤膜呈露地栽培，有利于果实着色。大棚也可不撤膜，但薄膜要四周高卷形成天棚。多层覆盖定植的，在温度条件可以保证的情况下，要及时撤去小拱棚、草苫等防寒物，以利争得光照。

（5）秋延后大棚茄子 为了让植株适应大棚环境，近年来，秋延后茄子一般都带棚膜定植，定植时大棚两侧的膜卷起来。植后因气温高、为了缓苗降温，要浇缓苗水。缓苗后进行蹲苗，要少浇水，多松土、培土。因此时温度高，若土壤水分过大，极易引起徒长。少浇水，及时松土，可控制徒长。

带棚膜定植的大棚，9 月中旬以前，要将大棚两侧的膜撩起，无雨时开通风口通风，以降温、散温。高温天气的中午可用遮阳网遮阳降温。9 月中旬以后，随着外界气温的下降，要逐渐把棚两侧膜放下，白天开口通风，夜间盖严。10 月上旬以后，当夜间温度降至 15℃以下时，可在棚内加盖小拱棚，再冷时，在小拱棚与棚之间盖一层薄膜，即三层覆盖，可适当延长采收期。

2. 光照管理 茄子对光照强度的要求不太高，光补偿点也相对较低。但在日光温室里，特别是严冬时节，光照条件很难满足茄子正常生长的需要。在这种情况下，茎叶徒长、花器异常、果实畸形或着色不良等现象屡见不鲜。因此，在光照调节上，首先是选用透光性能好的温室，使用透光性能好的紫光膜（醋酸乙烯转光膜）、聚乙烯白色无滴膜，并在后墙悬挂反光幕来增强光照。其次是要在温度条件允许的情况下，尽量早揭晚盖草苫，特别要注意对散射光的利用，即使最寒冷的时节，阴天时也要适当揭苫见光。同时，及时擦洗、清洁膜和张挂的反光幕，冬天每半月擦洗1次，此外，株行距的确定必须与这种弱光条件相适应，不能盲目缩小行距增加密度。

3. 肥水管理

（1）越冬茬茄子 定植水浇过后5～7d，秧苗心叶开始生长时，视天气土壤墒情和苗生长状况浇缓苗水，开始蹲苗，直到门茄鸡蛋大小前控制浇水、追肥。当门茄长至"瞪眼"时，开始追肥、浇水，采用膜下暗灌或滴灌，每667m² 施尿素10kg。生育前期与越冬期水量不宜多，而且越冬时往往放风很少，地面覆盖能减少地面水分的蒸发，尽量做到空气相对湿度不超过80%。1月是最寒冷季节，尽量不浇水。进入2月，看秧苗看天气浇水，不要等到叶子出现轻度萎蔫时再浇水。3月中旬地温到18℃时浇一次大水，3月下旬以后每5～6d浇1次水，每隔15d追肥1次，每667m² 施尿素10kg、磷酸二铵10kg、硫酸钾5kg。灌水半小时后放风，尽量排湿防病，在保证温度需要时，尽量加大放风量。盛果期叶面喷施0.3%磷酸二氢钾+0.5%过磷酸钙或爱多收等叶面肥，补充营养一般7～10d1次。

（2）冬春茬茄子 门茄膨大时不能缺水，为防止温室湿度过大，可隔沟浇水，停2～3d中耕松土后再浇另一个沟。对茄膨大时，再次浇水，每667m² 随水冲入尿素10～15kg。门茄收完后，进入了盛果期，外界气温已高，应防止高温或高温加高湿的为害，同时要加强水肥管理。一般地表要见湿见干，一次清水一次肥水。此期可喷 0.3%尿素+0.3%磷酸二氢钾+0.1%膨果素的混合液作根外追肥，7~10d1 次。

当日平均气温稳定通过 15℃以后，温室可昼夜通风，可结合浇水多次冲入稀粪，每 667m² 每次 1 000~1 500kg。这时的大水、大肥和追用稀粪对加速产量的形成、防植株早衰、延长结果期大有好处。

（3）春茬大棚茄子　定植后加强中耕松土，提高地温，促进发根缓苗。缓苗后浇缓苗水。浇水后中耕培土蹲苗，防止徒长。门茄"瞪眼"期结束蹲苗，浇催果水，进入开花结果前期，营养生长与生殖生长同时并进，要加强肥水管理。结合浇水追施"催果肥"，促进门茄迅速膨大。底肥充足的，这次肥也可不追施。门茄应及时采收，一般单果重 0.5kg 左右即可采收。以后每隔 5~7d 浇一次水，保持土壤湿润。浇水后加强通风排湿，减少棚内结露。追肥在门茄、对茄、四门斗茄膨大时分别进行，共 3~4 次，以氮肥为主。一般每 667m² 每次施尿素 10~15kg，或硫酸铵 15~20kg，在对茄和四门斗茄膨大期间可叶面喷洒 0.3%~0.5%的尿素和磷酸二氢钾混合液 2~3 次，或其他叶面肥，促进果实膨大。

（4）秋延后大棚茄子　缓苗后进行蹲苗，要少浇水，多松土、培土。因此时温度高，若土壤水分过大，极易引起徒长。少浇水，及时松土，可控制徒长。苗子定植后可喷矮壮素（10L 水对 2mL），促使早结果。

开花时用防落素蘸花。门茄膨大后可随水冲施尿素每 667m² 10~15kg，对茄膨大时再追肥一次。

4. 整枝打杈

茄子的分枝结果比较规律，原则上按对茄、四门斗的分枝规律留枝。门茄以下的侧枝全部摘除，留门茄、对茄、四门斗、八面风茄子，但在四门斗生长过程中，要视植株情况剪去徒长枝和过长枝条，不留空枝，集中营养以保持连续结果性。

（1）越冬茬茄子　一般双干整枝，门茄采收后，将下部老叶摘除，待对茄形成后剪去上部两个向外的侧枝，形成双干枝。开春后像黄瓜一样，要栓绳、吊蔓，使植株茎叶在温室空间均匀摆布，保证植株的旺盛生长。嫁接茄子生长势强，要及时去掉接口下砧木滋生出的侧枝。一般株高可长到 1.7~2m，每株可结茄子 9~15 个。

（2）冬春茬大棚茄子　冬春茬茄子一般采取双干整枝，用绳吊枝，及时清理下部老、黄叶片，以改善株行间通透条件，减少养分消耗，加速结果，促使早熟。

（3）春茬大棚茄子　春茬大棚茄子采用双干整枝方式，高密度栽植的一般留果 5 个及时打顶，以获得早期高效益。正常密度的要吊绳绕蔓。在整个生育过程中，打掉门茄以下侧枝的叶片和分枝，以集中养分供应果实生长，促进早熟。分枝不宜过多，否则易造成枝叶郁闷，发生徒长、落花落果、着色不良、病害严重等现象。

（4）秋延后大棚茄子　密植栽培的（每 667m² 栽 2 200株左右）可在对茄"瞪眼"后，其上留 2~4 片叶打顶，每株只结 3 个茄子，果实个大、均匀。正常密度栽植的应双干整枝。搭架可防倒伏。

5. 保花保果

茄子落花原因很多，除形成花的素质差、短花柱多外，连阴天或持续低温、高温、病虫为害均可造成落花。防止落花最根本的措施应从培育壮苗、加强管理、保护根系、改善通透条件和预防病虫等方面做起。棚室茄子生产中，为保证产量，多采用熊蜂辅助授粉和外源激素授粉方法进行保花保果。

（1）熊蜂授粉　棚室温度低于 15℃ 或高于 30℃ 时易引起落花落果，设施栽培中使用熊蜂授粉技术在一定程度上解决了这一问题。熊蜂授粉的优点是果实整齐一致，无畸形果，品质优，人们不受激素困扰，省工省力；简单掌握。一般 500~667m² 的棚室放一群蜂，给予一定的水分和营养，将蜂箱置于棚室中部距地面 1m 左右的地方即可。蜂群寿命不等，一般 40~50d，短季节如春季或秋

季放养一箱可用到授粉结束。利用熊蜂授粉，坐果率可达 95%
以上。

（2）药剂喷花法　药剂保花保果的方法主要是使用外源激素，
也就是常用的果霉宁、防落素、番茄灵、沈农 2 号等，进行蘸花或
喷花。重点是防止低温弱光引起的落花。使用外源激素的适宜期是
在茄子花含苞待放到刚刚开放时，过早或过晚效果都不太好，一般
在 8~10 时，用毛笔将药剂涂抹花柄有节（离层）处，或将花放到
药水中浸泡一下，或用小喷壶喷花，药液中加入 0.2% 的和瑞或速
克灵或扑海因，并加红色做标记，禁止重复使用。生产中农药企业
常有配好的成品蘸花药剂供茄农保花保果使用。如果霉宁 2 号、丰
产素 2 号、防落素等。通常使用激素后，往往造成花冠不易脱落，
这样一来不仅影响果实表面的着色而且容易形成灰霉病的侵染源。
所以，在果实膨大后还需注意将花冠轻轻摘掉。

茄子蘸花加防灰霉药剂复配参考配方：用于辅助保花保果的药
品：果霉宁 2 号 1mL 药液对水 1 500mL、丰产素 2 号 20mg 原液对
水 900mL、2，4-D 10~20mg 原液对 1L 番茄灵 20~30mg 原液以对
1L 水、防落素 20~50mg 原液放对 1L 水。同时在配好的蘸花药液
中每 1 500~2 000mL 加上 10mL 2.5% 适乐时悬浮剂（红色的）或
3g 50% 和瑞水分散粒剂或 4g 50% 速克灵可生粉剂预防灰霉病。

使用和防落素处理后，果实发育比较快，对肥水需求量增加，
应适当加强肥水管理，效果才能好。对于发棵不好的植株，如坐果
过早，可能要累住秧子，对以后生长不利，应考虑推迟使用生长调
节剂。

药剂辅助保花技术，虽可保证产量，但也带来诸多问题，例如
使用浓度不当，造成畸形花果，直接影响品质，降低价格；另外植
物激素对人体是否有害一直是人们争论的问题。

（3）使用药剂保花保果的注意事项

浓度与标记：无论用哪种激素，也无论用哪种方法，一定按照
产品说明书要求的浓度操作。浓度小，影响效果；浓度大，易造成

畸形果，直接影响品质和效益。药液中加入红色或墨法作标记，避免重复蘸、涂或喷花。生产中常用含有红色颜料的适乐时悬浮剂种子包衣剂配置在蘸花药剂中，其红色起标记作用，杀菌药可预防茄子灰霉病，收到较好的效果。

避开高温时间：避免中午高温时操作，一般选 10 时前和 16 时操作。

防止药液碰到茎或生长点：如果药液碰到茎叶或生长点，将导致茎叶皱缩、僵硬，影响光合作用，严重时生长受阻、产量下降。若药液碰到茎叶上，应及时尽快喷施 3.4% 碧护可湿性粉剂 5 000 倍液解除药害。

6. 二氧化碳施肥技术

二氧化碳施肥技术是蔬菜棚室栽培增产极为显著的新技术，一般可增产 200%~300%，同时还能提高蔬菜产品中干物质、糖、维生素 C 等营养物质的含量，低于纤维含量，提高品质。二氧化碳施肥以开花结果前进行效果最为显著，因每天大约日出后 1.5h，棚室内二氧化碳浓度开始低于外界大气二氧化碳浓度，故宜在揭苫或太阳出来后 1.5h 进行二氧化碳施肥。

二氧化碳施肥以不挥发性酸和碳酸盐反应法较为经济，其中以碳酸氢铵—硫酸法取材容易，成本低，易掌握，菜农容易接受。

二氧化碳施肥浓度一般为 1 000μL/L 为宜，每 667m² 棚室每天需浓硫酸 2.75kg、碳酸氢铵 4.65kg。具体做法如下：按照 5~10m 距离放 1 个塑料产气桶，在 1 个桶内加足 1 周的需酸量。浓硫酸用 3 倍的水稀释，先取 3 份水于桶内，然后用木棍斜靠在水面的容器壁上，使浓硫酸沿木棍和容器壁缓缓加入水中，搅匀、冷却。最后每天把 1d 需要的碳酸氢铵按照产气桶等分，放入产气桶内的稀酸中，即产生二氧化碳气体。1 周后桶内反应液可贮存备用，在追肥时，随水冲施。

七、采收

一般在茄子开花后 18~25d 就可采收，采收的标准是看茄子萼片与果实相连处白或淡绿色环状带，当环状带已趋于不明显或正在消失，表示果实已停止生长，方可采收。采收方法是在露水干后，用剪子剪断果柄，轻放筐内，防止擦伤。采收后，如需暂时存放，注意防止果实冷害，最好覆盖保温物。

八、棚室茄子主要病害与救治

（一）苗期猝倒病

症状　猝倒病是茄子苗期的重要病害，多发生在早春育苗床（盘）上，常见症状有烂种、死苗、猝倒。烂种是播种后在其未萌发或刚发芽时就遭受病菌侵染，造成腐烂死亡；幼苗感病后在茎基部呈水浸状软腐倒状，即猝病苗折倒坏死。染病后期茎基部变呈黄褐色干枯呈线状，在病苗或床面上密生白棉絮状菌丝。

防治方法

生物防治：

①选用抗病品种。如茄霜 2 号、茄杂 12、茄杂 6 号、农大 601、辽茄 4 号等。

②采用无土育苗法。

③加强苗床管理，保持苗床干燥，适时放风，避免低温高湿条播，不要在阴雨天浇水，浇水应选择晴天的上午。

④苗期喷施叶面肥，提高抗病力。清洁田园，切断越冬病残体组织、用异地大田土和腐熟的有机肥配制育苗营养土。严格控制化肥用量，避免烧苗。合理分苗、密植、控制湿度，浇水是关键。

药剂防治：药剂处理土壤。取大田与熟的有机肥按 6：4 混匀，并按每立方米苗床土加入 100g 68%金雷水分散粒剂和 2.5%适乐时悬浮剂 100mL 拌在一起混匀过筛。用这样的土装入营养钵或做苗床土表铺在育苗畦上，并用 600 倍的 68%金雷水分散粒剂药液封闭覆盖播种后的土壤表面。

种子包衣。种子药剂包衣可选 2.5% 适乐时悬浮剂 10mL+35% 金普隆乳化种衣剂 2mL，对水 150~200mL 包衣 3kg 种子，可有效预防苗期猝倒病和立枯病、炭疽病等苗期病害（注意包衣对水的量以完全包上药剂为目的，以适宜为好）。

药剂淋灌。可选择 68% 金雷水分散粒剂 500~600 倍液（折合 100g 药对水 45~60L）或 72% 克抗灵、72% 霜疫清可湿粉剂 700 倍液，或 72.2% 普力克剂 1 000 倍液等对秧苗进行淋灌或喷淋。

（二）灰霉病

症状　灰霉病主要为害幼果和叶片。染病叶片呈典型"V"字形病斑，病菌从雌花的花瓣侵入，使花瓣腐烂，从茄蒂顶端或从残留在茄果面上的花瓣腐烂开始发病，茄蒂感病向内扩展，致使感病果呈灰白色，软腐，长出大量灰绿色霉菌层。

防治方法

生态防治：

①保护地棚室要高畦覆地膜栽培，暗灌渗浇小水，有条件的可以考虑采用滴灌，节水控湿。

②加强通风透光，尤其是阴天除要注意保温外，应严格控制灌水。早春将上午放风改为清晨短时放湿气，清晨尽可能早放风，尽快进行湿度置换，尽快降湿提温有利于茄子生长。

③及时清除病残体，摘除病果、病叶和侧枝，并集中烧毁和深埋。

④合理密植，高垄栽培，控制湿度是关键。氮、磷、钾均衡施用。

⑤育苗时苗床土注意消毒及药剂处理。

⑥棚茄子栽培花期授粉可以采用熊蜂授粉，避免药剂蘸花授粉产生药害致畸形果。

药剂防治：因茄子灰霉病是花期侵染，茄子蘸花时一定带病蘸花。将配好的 2 000mg 蘸花药液中加入 3g 50% 和瑞水分散粒剂或

40%施佳乐悬浮剂、50%农利灵干悬浮剂等进行蘸花或涂抹，使花器均匀着药。生产中菜农也有用 2 000mL 蘸花药液配 10mL 2.5%适乐时悬浮剂蘸花预防灰霉病的良好经验，除可单一用果霉宁、丰产素 2 号等每袋药对水 1.5kg 充分搅拌后直接喷花或浸花。果实膨大期要进行重点喷雾防治。最好采用茄子一生病害防治大处方进行整体预防。药剂可选用 25%阿米西达悬浮剂 1 500 倍液或达科宁 600 倍液喷预防，或选用 50%和瑞水分散粒剂 1 200 倍液，或 50%农利灵干悬浮剂 1 000 倍液，或 40%扑海因可湿性粉剂 500 倍液或 50%利霉康可湿性粉剂 1 000 倍液喷雾。

（三）绵疫病

症状　茄子绵疫病又称疫病，菜农又称"掉蛋""烂茄子"，是为害茄子的三大病害之一。主要为害即将成熟的茄子，造成烂茄，严重影响产量和收益，损失率可达 20% ~ 60%。主要为害果实、叶、茎、花器等部位。近地面果实先发病，受害果初现水渍状圆斑，稍有凹陷，以后很快扩大呈片状，直至整个果实受害，病部黄褐色，果肉变黑褐色，果肉变黑褐色腐烂，湿度大时受害果易脱落，果面长出茂密的白色棉絮状菌丝、腐烂，有臭味。茎部受害初呈水浸状，后来变暗绿色或紫褐色，病部缢缩，上部枝叶萎垂，潮湿时病部生有稀疏的白霉，叶片受害呈不规则或近圆形水浸状大病斑，病斑褐色至红褐色，有较明显的轮纹，扩展很快，湿度大时病斑边缘不清，生有稀疏白霉。

防治方法

生态防治：

①选用抗病性较强的茄子品种，一般是圆茄比长茄抗病性强，紫茄比绿茄抗病性强，如茄杂 2 号、茄杂 12、农大 601、茄杂 6号、九叶茄、辽茄 4 号、成都墨茄等。

②实行 3 ~ 5 年轮作。选择高低适中、排水方便的肥沃地块，秋、冬深翻，施足优质腐熟的有机肥，增施磷、钾肥。

③采用高畦栽培，避免积水，或高畦地膜覆盖大小行栽培，有

条件的地方建议使用膜下暗灌或滴灌，棚室湿度不宜过大，发现中心病株及时拔出深埋。把握好移栽定植后的棚室温、湿度，注意通风，不能长时间闷棚。

④清洁田园，将病果、病叶、病株收集起来深埋或烧掉。

⑤及时整枝、打掉下部老叶，防止大水漫灌，注意通风透光，降低湿度。

⑥夏天暴雨过后，要用井水浇一次，并及时排走以降低地温，防止潮热气体熏蒸果实造成烂果。这就是人们常说的"涝浇园"。

药剂防治：预防建议采用茄子一生病害防治大处方，也可以选用25%瑞凡悬浮剂1 000倍液，或75%达科宁可湿性剂600倍液，或25%阿米西达悬浮剂1 500倍液，或80%大生可湿性粉剂500倍液。防治药剂可用68%金雷水分散粒剂600倍液，或25%瑞凡悬浮剂800倍液加25%阿米西达悬浮剂1 500倍液，或69%安克可湿性粉剂600倍液，或72.2%普力克水剂800倍，或72%克抗灵可湿粉剂800倍，或62.5%银法利悬浮剂800倍液喷施。茎基部感病可用68%金雷水分散粒剂500倍液喷淋或涂抹病部，尤其是感病植株茎秆以涂抹病部

(四) 褐纹病

症状　茄子褐纹病主要侵染子叶、茎、叶片和果实，苗期到成株期均可发病。幼苗受害时，茎基部出现近乎缩颈状的水浸状病斑，而后变黑凹隐，致使幼苗折倒。生产中常把苗期的此病称为立枯病。茄子褐纹病以果实上病斑最易识别，起初病果呈圆形或椭圆形稍有凹陷，病斑不扩大，排列成轮纹状，可达整个果实，后期病部逐渐由浅褐色变为黑褐色，下陷，斑缘凸清晰可见，病斑凹陷并生出麻点状黑色轮纹，病果落地软腐，或留在枝干上，呈干腐僵果状。成株叶片受害呈水浸状小圆斑，扩大后病斑边缘变褐色或黑核，病斑中央灰白色，有许多小黑点，呈同心轮纹状，病斑破碎穿孔，茎部受害，形成梭形病斑，边缘深紫褐色，最后凹陷干腐，皮层脱落，易折断，有时病斑环绕茎部，使上部枯死。

防治方法

生态防治：

①选用抗病品种。如茄杂 1 号、茄杂 2 号、农大 601、紫月长茄、辽茄 4 号、黑茄王。及引进品种瑞马、安德列、布里塔、郎高等。

②轮作倒茬和苗床土消毒可减少侵染源。

③种子处理。种子消毒用升汞水 1 000 倍液浸种 10 分钟，洗净后催芽。种子包衣防病可选用 2.5%适乐时悬浮种衣剂 10mL 加 35%金普降乳化种衣剂 2mL，对水 150～200mL 可包衣 4kg 种子。温汤浸种，用 55～60℃温水浸种 15 分钟，或 75%达科宁可湿性粉剂 500 倍液浸种 30 分钟后冲洗干净催芽。均用良好的杀菌效果。

④实行 2～3 年以上轮作。

⑤苗床消毒。播种时每平方米苗床用 20g10%世高水分散粒剂混 10kg 床土，或 40g50%多菌灵可湿性粉剂拌 10kg 床土配成药土，下铺上盖播种，有较好的防效。

⑥培育壮苗，加强田间管理。开沟施肥，增施有机肥及磷、钾肥，促茄子早长、早发，及时锄划、整枝打杈，把茄子的采收盛期提前到病害流行之前，可有效防病。

⑦结果期防止大小漫灌，增加田间通风量，加强棚室管理，注意放湿气，避免叶片结露和吐水珠。地膜覆盖或滴灌可降低湿度，减少发病机会。农事操作应选在晴天进行，避免伏天整枝、绑蔓、采收等。

药剂防治：建议采用茄子一生病害防治大处方进行整体预防。因病害有潜伏期，一旦发病防不胜防。也可选取 25%阿米西达悬浮剂 1 500 倍液早期系统预防。防治可选用 75%达科宁可湿性粉剂 600 倍液，或 56%阿米多彩悬浮剂 800 倍液，或 10%世高水分散粒剂 1 500 倍液，或 32.5%阿米妙收悬浮剂 1 000 倍液，或 80%大生可湿性粉剂 600 倍液，或 70%品润悬浮剂 600 倍液，或 25%凯润乳油 1 500 倍液，或 6%乐比耕可湿性粉剂 1 500 倍液等喷雾。

（五）白粉病

症状　茄子全生育期均可感病，主要感染叶片。发病重时感染枝干。发病初期主要在叶面或叶背产生白色圆形有霉状物的斑点，从下部叶片开始染病，逐渐向上发展。严重感染后表面会有一层白色霉层，发病后期感病部位白色霉层呈灰褐色，叶片发黄坏死。

防治方法

生态防治：

①引用抗白粉的优良品种，一般常种有茄杂 2 号、茄杂 4 号、农大 601、快星及引进品种安德列等。

②适当增施生物菌肥及磷、钾肥，加强田间管理。

③合理密植，降低温度，增强通风透光。

④收获后及时清除病残体，并进行土壤消毒。

药剂防治：建议采用茄子一生病害防治大处方进行整体预防。因该病突发性强，一旦发病防不胜防。采用 25%阿米西达悬浮剂 1 500 倍液预防会有非常好的效果。也可选用 75%达科宁可湿性粉剂 600 液，或 10%世高水分散粒剂 2 500~3 000 倍液，或 56%阿米多彩悬浮剂 1 000 倍液，或 32.5%阿米妙收悬浮剂 1 200 倍液、或80%太生可湿性粉剂 600 倍液，或 70%品润悬浮剂 600 倍液，或2%加收米水剂 400 倍液，或 6%乐比耕可湿性粉剂 1 500 倍液，或43%菌力克悬浮剂 6 000 倍液等喷雾。生长后期可以选用 30%爱苗乳油 3 000 倍液喷雾。棚室拉秧后及时用硫黄熏蒸消毒。

（六）细菌性叶斑病

症状　茄子叶斑病是细菌性病害。主要为害叶片、叶柄和幼果。茄子整个生长期均可能受害，零星发病。感病叶呈水浸状浅褐色凹陷斑。叶片感病初期叶背为浅灰色水浸状斑，渐变成浅褐色坏死病斑，病斑不受叶脉限制呈不规则状，棚室温湿度大时，叶背面会有白色菌脓溢出，干燥后病斑脆裂穿孔，这是区别于疫病的主要特征。

防治方法

生态防治：

①选用耐温病品种，引用抗寒性强、耐弱光、耐寒的杂交茄品种，引进品种需严格进行种子消毒灭菌。

②清除病株和病残体并烧毁，病穴撒石灰消毒。

③采用高垄栽培，严格控制阴天带露水或潮湿条件下的整枝、打杈等农事操作。

④种子消毒。温汤浸种。种子投入55℃（2份开水+1份凉水）温水中，搅拌至水温30℃，静置浸种16~24小时。70℃10分钟干热灭菌。药剂浸种，将种子预浸5~6小时，再用40%福尔马林100倍液浸20分钟，取出密闭2~3小时，清水冲净。

药剂防治：预防细菌性病害初期可选用47%加瑞农可湿性粉剂800倍液，或77%可杀得可湿性粉剂500倍液，或25%细菌灵可湿性粉剂400倍液，或27.12%铜高悬浮剂800倍液喷施或灌根。或用50%冠菌清可湿性粉剂500倍液喷施。每亩用硫酸铜3~4kg撒施后浇水处理土壤可以预防细菌性病害。

（七）黄萎病

症状　茄子黄萎病发病一般在门茄膨大期，苗期较少发病。感病植株初期发病表现为下部或一侧部分叶片白天呈萎蔫状，看似蒸腾脱水，晚上恢复原状态，故俗称"半边疯"切开根、主茎、侧枝和叶柄，可见到维管束变黄褐色或棕褐色。而后萎蔫部位或叶片不断扩大增多，逐步遍及全株致使整株萎蔫枯死，湿度大时感病茎秆表面生有灰白色霉状物。

防治方法

生态防治：

①轮作4年以上，有条件的轮作6年。

②嫁接防病。采用野生茄子做砧木与所选种的茄子品种接穗嫁接，这是当前最有效的防治因重茬、土壤带菌造成黄萎病的方法。嫁接方式有许多种，生产中常用靠接、插接、劈接等方式，茄子嫁

接常用插接法其具体操作见第三部分的播种育苗，也可以根据自己掌握的熟练技术程度选择适合自己的方法进行。

③高温闷棚，见第四部分棚室消毒。

④选择抗病品种。如茄杂 6 号、茄杂 12 号、农大 601、快星、紫月、茄杂 2 号及引进品种郎高、瑞马、安德列均有较好的抗黄萎病效果。

⑤加强管理，采用营养钵育苗，营养土消毒，苗床或大棚土壤处理。取大田土与腐熟的有机肥按 6∶4 混匀，并按每 100kg 苗床土加入 68% 金雷水分散粒剂 10g 和 2.5% 适乐时悬浮剂 20mL 拌土一起混匀过筛。再加上 200g10 亿活孢子/g 枯草芽孢杆菌可湿性粉剂用配好的苗床土营养钵或铺在育苗畦上，可以减轻黄萎病的为害。适当增施生物菌肥和磷、钾肥。降低湿度，增强通风透光，收获后及时清除病残体，并进行土壤消毒。

药剂防治：

①种子包衣防病。即选用 2.5% 适乐时悬浮种衣剂 10mL 加 35% 金普降乳化种衣剂 2mL，对水 150~200mL 可包衣 4kg 种子。

②定植时采用生物农药处理。即撒药土，用 10 亿活孢子/g 枯草芽孢杆菌按 1∶50 的药土比混合，每穴撒 50g，可以有较好的防病效果。

③灌根。定植时可以选用萎菌净可湿性粉剂（枯草芽孢杆菌）1 000 倍液每株用 250mL 灌穴，如果在门茄"瞪眼"期再灌一次效果会更好；有机质含量高的地块防效好于化肥施用多的地块。也可选用 75% 达科宁可湿性粉剂 800 倍液，或 2.5% 适乐时悬浮剂 1 500 倍液，或 80% 大生可湿性粉剂 600 倍液，或 70% 甲基托布津可湿性粉剂 500 倍液，或 50% 多菌灵可湿性粉剂 500 倍液，每株 250mL，在生长发育期，开花结果初期、门茄"瞪眼"时连续灌根。

（八）褐斑病

病状　褐斑病常发生在茄子生长中期，主要为害叶片，染病初期叶片呈水浸状褐色小斑点，病斑颜色较鲜亮，逐渐扩展成不规则深褐色病斑，病斑中央呈灰褐色亮斑，并在周围伴有一条轮纹带，严重时病斑连片，导致叶片脱落。

防治方法

生态防治：

①实行轮作倒茬；

②地膜覆盖方式栽培可有效减少初侵染源；

③适量浇水，雨后及时排水；

④茄果后期打掉老叶，加强通风；

⑤合理增施钾肥、锌肥，注意补镁、补钙。

药剂防治：建议采用茄子一生病害防治大处方进行整体预防。病害有潜伏期，发病后防治已经非常被动，采取 25%阿米西达悬浮剂 1 500 倍液预防会有非常好的效果，也可选用 75%达科宁可湿性粉剂 600 倍液，或 56%阿米多彩悬浮剂 1 000 倍液，或 32.5%阿米妙收悬浮剂 1 200 倍液，或 10%世高水分散粒剂 1 500 倍液，或 80%大生可湿性粉剂 600 倍液，或 70%品润悬浮剂 600 倍液，或 50%利霉康可湿性粉剂 500 倍液，或 50%灰美佳可湿性粉剂 500 倍液等喷雾。

（九）菌核病

症状 菌核病在重茬地、老菜区发生，新菜区严重。茄子整个生长期均可受侵染，成株期发生较多，成株期各个部位均有感病现象。先从主干茎基部或侧根侵染，呈褐色水渍状凹陷，主干病茎表面易破裂，湿度大时，皮层霉烂，髓部形成黑褐色菌核，致使植株枯死，叶片染病呈水浸状大块病斑，偶有轮纹，易脱落，茄果受害端部或阳面先出现水渍状斑后变褐腐，感病后期茄果病部凹陷，斑面长出白色菌丝体，后形成菌核。

防治方法

生态防治：

①保护地栽培地膜覆盖，阻止病菌出土，降湿、保温净化生长环境。

②土壤表面药剂处理，每 100kg 加入 2.5%适乐时悬浮剂 20mL、68%金雷水分散粒剂 20g 拌均匀撒在育苗床上。

③清理病残体并集中烧毁。

药剂防治：建议采用茄子一生病害防治大处方进行整体预防，可以有效减少和降低发病概率，这样做成本低，效益高。药剂可选用 25%阿米西达悬浮剂 1 500倍，或 75%达科宁可湿性粉剂 600 倍液喷施预防；或选用 10%世高水分散粒剂 800 倍液，或 56%阿米多彩悬浮剂 1 000倍液或 40%施佳乐悬浮剂 1 200倍液，或 50%多霉清可湿性粉剂 800 倍液，或 50%扑海因可湿性粉剂 500 倍液，或 66.8%霉多克可湿性粉剂 600 倍液，或 50%利霉康可湿性粉剂 800 倍液喷雾。

（十）线虫病

症状 线虫病就是菜农俗称"根上长土豆"或"根上长疙瘩"的病，主要为害植株根部或须根，根部受害后产生大小不等的瘤状根结，剖开根结感病部位会有很多细小的乳白色线虫埋藏其中。地上植株会因发病而生长衰弱，中午时分有不同程度的萎蔫现象，并逐渐枯黄。

防治方法

生态防治：

①无虫土育苗。选大田土或没有病虫的土壤与不带病残体的腐熟有机肥以 6：4 混匀，每立方米再加入 100mL1.8%阿维菌素乳油混匀育苗。

②石灰氮反应堆法灭菌杀虫。石灰氮的学名称氰氨化钙。其原理是氰氨化钙遇水分解后所生成的气体单氰胺和液体双氰胺对土壤中的真菌、细菌、线虫等有害生物有广谱性杀灭作用。氰氨化钙分解的中间产物单氰胺和双氰胺最终可进一步生成尿素，具有无残留、不污染的优点。操作方法是前茬蔬菜拔秧前 5~7d 浇一遍水，拔秧后将未完全腐熟的农家肥或农作物粉碎秸秆均匀地撒在土壤表面，立即将 60~80kg/亩的氰氨化钙均匀地撒在土壤表层，旋耕土

壤 10cm 使其均匀混入，再浇一次水，覆盖地膜，高温闷棚 7~15d，然后揭去地膜，放风 7~10d 后可做垄定植。处理后的土壤栽培前注意增施磷、钾肥和生物菌肥。

③高温闷棚药剂处理法。茄子拉秧后的夏季，土壤深翻 40~50cm，每亩混入沟施的生石灰 200kg、1.8%阿维菌素乳油 250mL、50%辛硫磷乳油 1 000mL。每亩可随即加入松化物质秸秆 500kg，施耕、挖沟浇大水漫灌后覆盖棚膜高温闷棚，或铺地膜盖严压实。15d 后可深翻地再次大水漫灌闷棚持续 20~30d，可有效降低线虫病的为害。处理后同样要增施磷、钾肥和生物菌肥，以增加土壤有机活性。

九、棚室茄子生理性病害与救治

(一) 沤根

症状　主要在苗期发生，成株期也有发生。发病时根部不长新根，根皮呈褐锈色，水渍状腐烂，地上部萎蔫易拔起。

防治方法　苗期棚温低时不要浇大水，选晴天上午浇水，保证浇后至少有两天晴天，加强炼苗，注意通风，只要气温适宜，连阴天也要放风，培育壮苗，促进根系生长，按时揭盖草苫，阴天也要及时揭盖，充分利用散射光。

(二) 畸形果

症状　果实缩小，僵硬，不发个，茄果个头正常但崩裂，露出茄籽。

防治方法　加强温度调控，在花芽分化期和花期保持 25~30℃的适温，最高不能超过 35℃；加强肥水管理，及时浇水施肥，但不要施肥过量，浇水过大。

(三) 寒害

病状　叶片大小正常但色深绿，叶缘微向外皱卷，叶缘稍有退色，生长点呈簇状，叶片先从叶缘开始变成浅黄色，叶肉逐渐褪绿，呈黄化叶片。

防治方法

①选择耐寒、抗低温、耐弱光的优良品种。如安德烈、布利塔等品种。

②根据生育期确定低温保苗措施，避开寒冷天气移栽定植。

③苗期注意保温，可采取加盖草毡、棚中加膜等措施进行保温、抗寒。

④突遇霜寒，应采取临时加温措施，烧煤炉或铺施地热线、土炕等。

⑤定植后提倡金地膜覆盖，或多层保温覆盖，可有效地保温增温。降棚室湿度，进行膜下渗浇，切忌大水漫灌，有利于保温排湿。

⑥有条件的可安装滴灌设施，即可保温降湿还可有效降低发病率。做到合理均衡地施肥浇水，是无公害蔬菜生产的必然趋势。

⑦喷施抗寒剂。可选用3.4%碧护可湿性粉剂7 500倍液［1g药（1袋药）加15kg水（1喷雾器水）］或1喷雾器加红糖50g再加0.3%磷酸二氢钾喷施。

十、棚室茄子主要虫害与防治

白粉虱

为害状　成虫或若虫群集嫩叶背面刺吸汁液，使叶片褪绿变黄。由于汁液外溢又诱发叶面上杂菌形成霉斑，严重时霉层覆盖整个叶面。

防治

利用天敌生物防治：棚室栽培可放养丽蚜小蜂防治白粉虱。

设置防虫网：为阻止白粉虱飞入，棚室可设置防虫网，夏季育苗的小拱棚可加盖防虫网。

药剂防治：建议采用灌根施药法，用强内吸杀虫剂25%阿克泰水分散粒剂，在移栽前2~3d，以1 000~1 500倍液的浓度（1桶水加 8~10g 药）对幼苗进行喷淋，使药液除叶片以外还要渗透到土壤中，平均每平方米苗床用药 4g 左右（即 2g 药对水 15L 喷淋 100 棵幼苗），农民自己的育苗秧畦可用喷雾器直接淋灌，持续有效期可达 20~30d，有很好的防治粉虱类和蚜虫的效果。

喷雾施药：可选用 25%阿克泰水分散粒剂 2 000~5 000 倍液喷施或淋灌，15d1 次，或 25%阿克泰水分散粒剂加 2.5%功夫水剂 1 500倍液混用，或 50%扑虱灵可湿性粉剂 800~1 000 倍液与 70% 天王星乳油 4 000 倍混用，或 10%吡虫啉可湿性粉剂 1 000 倍液，或 1.8%虫螨克星乳油 2 000倍液喷雾防治。

蚜虫

为害状　以成虫或若虫群体在叶片背面或生长点或花器上刺吸汁液为害茄子，造成植株生长缓慢、矮小簇状。

防治　清除棚室周围的杂草。经常查看作物上有无蚜虫，随有即防。可铺设银灰膜避蚜，设置蓝板诱蓟马，黄板诱蚜，就地取简易板材用黄漆刷板后再涂上机油并吊至棚中，30~50m^2 挂一块诱蚜板。

药剂防治：建议早期采用灌根施药法防治蚜虫为害，可有效控制蚜虫为害。后期可选用 25%阿克泰水分散粒剂 3 000~4 000倍液，或 2.5%功夫水剂 1 500 倍液或 1%印楝素水剂 800 倍液，或 48%乐斯本乳油 3 000 倍液，或 10%吡虫啉可湿性粉剂 1 000 倍液喷施。

茶黄螨、红蜘蛛

为害状　红蜘蛛在茄子的生长点。幼嫩叶片上刺吸为害，使叶片叶失绿沙状，为害后期植株生长缓慢，茄果畸形。茶黄螨的成螨和幼螨群集茄子幼嫩部位刺吸为害，受害植株叶片变窄、皱缩或扭曲畸形，幼茎僵硬直立，重症植株常被误诊为病毒病。刺吸幼茄汁液会造成茄果生长畸形，果皮木栓化。

防治　茶黄螨生活周期较短，繁殖力强，应注意早期防治，可选用 1.8%虫螨克星乳油 2 000~3 000 倍液，40%克螨特乳油 2 000

倍液，40%尼索朗乳油 2 000 倍液，喷施。

第三节　辣椒设施栽培技术

一、辣椒的特性

辣椒主根不发达，根群多分布在 20~25cm 的耕层内，根系再生能力弱。茎直立，腋芽受力较弱，株冠较小，适于密植，茎顶端出现花芽后，其下的侧芽萌发，形成二杈或三杈分枝，果实着生于分杈处。以后这些分杈再行分杈，如此连续不断，枝杈不断增多。最下面的果实叫门椒，再向上依次为"对椒""四母斗""八面风"和"满天星"。辣椒单叶互生，卵圆形或长卵圆形。花为两性花，白色。果实为浆果，果内有较大空腔，由隆起的果皮内伸形成的隔壁分成 2~4 室，隔壁也叫"果筋"。是辣椒辣味最浓的部位。辣椒种子扁平，肾形，千粒重 3~6g。

辣椒的生长发育规律是在长期自然条件和人工选择下形成的，要获得高产优质，就必须掌握辣椒的生长发育规律，满足其各个时期对环境条件的要求。辣椒的生育周期包括发芽期、幼苗期、开花坐果期、结果期四个阶段。

（1）发芽期　从种子发芽到第一片真叶出现为发芽期，一般为 10d 左右。发芽期的养分主要靠种子供给，幼根吸收能力很弱。此期温度管理要掌握"一高一低"，即出苗时温度要高，控制在 25~28℃，苗出齐后温度要低，白天为 20~25℃，夜间为 18℃ 左右。

（2）幼苗期　从第一片真叶出现到第一个花蕾出现为幼苗期。需 50~60d 时间。幼苗期分为两个阶段：2~3 片真叶以前为基本营养生长阶段，4 片真叶以后，营养生长与生殖生长同时进行。

（3）开花坐果期　从第一朵花现蕾到第一朵花坐果为开花坐果期，一般 10~15d。此期营养生长与生殖生长矛盾特别突出，主要通过控制水分、划锄等措施调节生长与发育，营养生长与生殖生长、地上部与地下部生长的关系，达到生长与发育均衡。

（4）结果期　从第一个辣椒坐果到收获末期属结果期，此期经历时间较长，一般50~120d。结果期以生殖生长为主，并继续进行营养生长，需水需肥量很大。此期要加强水肥管理，创造良好的栽培条件，促进秧果并旺，连续结果，以达到丰收的目的。

二、茬口安排与品种选择

（一）茬口安排

日光温室辣椒，要注意避开早春塑料大棚和露地栽培的采收供应期，淡季上市是其茬口安排的基本原则进行。

春播可于11—12月播种，苗期覆盖薄膜越冬，2—3月定植，可提早在4—5月上市；秋播可在7月下旬至8月播种；冬播可于9—11月播种；高寒山区反季节栽培可在3—4月播种。

（二）品种选择

1. 陇椒1号

甘肃省农业科学院蔬菜所最新选育的杂交一代品种，1997年通过甘肃省农作物品种审定委员会审定。果实羊角形、果长23cm，果宽2.5cm，果大、肉厚、果皮光滑、味辣、品质好。低温弱光下落花落果少，单株结果数多，抗病毒病、耐疫病。该品种长势强旺，分枝性极好，要适当稀植，亩产可达4 000kg以上。

2. 陇椒2号

甘肃省农业科学院蔬菜所选育的杂交一代，早熟，长势强，果实羊角形，果长25cm，果宽3cm，果面皱，味辣，抗病毒病，每亩产3 500kg左右。

3. 乙新组合B28

甘肃农业科学院蔬菜所选育的杂交一代，丰产，早熟，抗病，果实羊角形，果色绿，平均果长22cm，果宽2.5cm，果实发育速度快，耐疫病，耐寒性好，适宜日光温室栽培。

三、播种育苗

1. 种子消毒

用纱布将种子包起来，用1%的高锰酸钾溶液或10%磷酸三钠浸泡15~25分钟，然后用清水冲洗干净。消过毒的种子放在30℃的温水浸4~5小时，再将种子冲洗干净后即可播种。

2. 育苗

营养钵或苗床，苗床应选择前茬作物为水稻的地块或新地，忌选刚种过茄科作物的土地。播种前充分淋湿苗床，每50g种子需苗床30m^2，播后盖薄土层。

3. 苗期管理

（1）水肥管理　幼苗1~2片真叶时即可追肥，每50kg水中加入尿素50~100g，过磷酸钙100~150g，充分溶解后淋施幼苗。苗期淋水不宜过多，保持湿润即可。幼苗长出2~3片真叶时，要将过密的苗移到疏或无苗的地方，以促进幼苗生长健壮。

（2）病虫害防治　苗期病害主要是猝倒病和立枯病，虫害主要有青虫和蚜虫。

（3）猝倒病　病苗茎基部出现水浸状病斑，很快向上发展，并变成褐色，病部失水后缢缩成线状，引起幼苗猝倒。发病后可选用58%甲霜灵锰锌可湿性粉剂500倍液，或75%百菌清可湿性粉剂600倍液，视病情喷1~2次，两次间隔7~10d。

（4）立枯病　茎基部缢缩，幼苗干枯死亡，但病株并不倒伏。发病初期可选用75%敌克松可湿性粉剂1 000~1 400倍液，50%多菌灵800倍液，70%恶霉灵可湿性粉剂1 000倍液喷施。视病情喷1~2次，两次间隔7~10d，视病情喷1~2次。

四、整地做畦与定植

1. 整地做畦

种植辣椒的土地的前茬作物不能是茄科蔬菜或花生、烟草等。

每亩施腐熟农家肥 3 000kg，复合肥 50~70kg，磷肥 40~50kg，进行沟施。

整地后起畦，一般 1.2m 包沟，双行植。

2. 定植

幼苗有 5~7 片真叶，苗高 10~15cm 即可定植。定植前应喷一次农药，淋一次肥水。行距 50cm，株距 20~30cm，每亩种 3 000~5 000 棵左右。

五、田间管理

（1）定植后 10d 内　这一阶段植株正处于缓苗阶段，田间管理的重点是淋足水，确保成活；及时补苗。定植后 6~9d 时，施肥一次，每亩施尿素 20~30kg，以促进植株苗壮成长。

（2）定植后 10~30d 内　这一阶段植株苗壮成长，同时开始开花、坐果，田间管理的重点是施足肥水，每亩施复合肥 30~40kg，氯化钾 10kg。结合施肥，中耕培土，除草，摘除第一分权以下萌发的侧枝、侧芽。

（3）定植一个月后　此时已渐入收获季节。田间管理的中心任务是加强病虫害防治，适时采收，施足水、肥。

六、主要病虫害防治

1. 青枯病

症状　发病初期，植株个别枝条的叶片或幼嫩的叶片萎蔫，早晚可恢复，条件适宜时，3~4d 即可使全株青色萎蔫。病茎外表症状不明显，撕开病茎，可见维管束变褐色，横切保湿后，可见乳白色菌脓渗出。

病菌通过灌水、雨水等途径传播，从根茎部伤口侵入引起初侵染。高温高湿条件下，病菌繁殖迅速，容易出现发病高峰。

药剂防治　发病初期用 72% 农用链霉素 4 000 倍液，或氧氯化铜 400~500 倍液灌根，7~10d 一次，连用 2~3 次。

設施蔬菜生产经营

2. 疫病

症状 叶片染病,病斑圆形或近圆形,直径 2~3cm,边缘黄绿色、中央暗褐色;茎和枝染病,病斑初为水浸状,后出现环绕表皮扩展的褐色或黑褐色条斑,病部以上枝叶迅速凋萎。露地栽培时,首先为害茎基部,症状表现在茎的各部,其中以分杈处变为褐色或黑褐色最常见。

田间 25~30℃,相对湿度高于 85% 发病重。一般雨季或大雨后天气突然转晴,气温急剧上升,病害易流行。易积水的田地,定植过密,通风不良发病重。

药剂防治 田间出现中心病株时,立即连用 2~3 次药,可选用 75% 百菌清可湿性粉剂 500 倍液,50% 多菌灵 500 倍液,58% 甲霜灵锰锌可湿性粉剂 400~500 倍液等喷雾,并且病株周围 2~3m 内撒些生石灰。

3. 蚜虫

辣椒上的蚜虫主要是瓜蚜。成虫及若虫栖息在叶背面和嫩梢、嫩茎上吸食汁液。辣椒幼苗嫩叶及生长点被害后,叶片卷缩,为害严重时,整个叶片卷成一团,生长停滞,整株萎蔫死亡。

4. 蓟马

成虫、若虫在叶、花蕾、幼果等上为害。受害后,幼嫩叶萎缩畸形,分枝、侧枝生长停滞,果柄、叶片、果实表皮变成褐色。

5. 螨类

为害辣椒的螨类主要是红蜘蛛和茶黄螨,以成螨、若螨在辣椒的叶背吸取汁液为害,使叶片变红、叶缘向下卷曲、干枯,严重时辣椒落叶、落花、落果,甚至整株枯死。

药剂防治:用 40% 乐果乳油 1 000~2 000 倍液,蓟芽敌 1 000~1 200 倍液,50% 辛硫磷乳油 1 000 倍液喷雾。

第五章　瓜类蔬菜生产技术

第一节　黄瓜设施栽培技术

黄瓜别名胡瓜、王瓜。葫芦科甜瓜属中幼果具刺的栽培种，一年生攀缘植物，幼果脆嫩，适宜生吃、清炒和腌渍。我国栽培起步早，生产经验丰富，设施栽培主要是塑料大棚和日光温室。

一、黄瓜的生物学特性与栽培

（一）黄瓜的形态特征

黄瓜原产于热带潮湿森林地带，具有根系浅，叶片大、茎蔓生、喜温、喜湿和耐弱光的特征特性。

1. 根系

黄瓜的根系浅，黄瓜根群主要分布在根际半径约 30cm，深 0~20cm 的耕层土壤中，尤以 0~5cm 表土最为集中。

（1）根系再生能力弱，吸收能力差，对氧要求严格，一般不能忍受土壤中少于 2% 的低氧条件，以含氧量 15%~20% 为宜。表层土壤空气充足，有利于根系有氧呼吸，促进根系生长发育和对氮、磷、钾等矿质养分的吸收。因此，黄瓜定植时宜浅栽，切勿深栽。农谚有"黄瓜露坨，茄子没脖"的说法，定植后要勤中耕松土，以促进根系的生长。

（2）黄瓜根系木质化程度高，发生木质化时间早，伤根后难以再生。因此，黄瓜定植时，要护好根，保护幼苗土坨完整，可提高成活率，缩短缓苗期，为早熟高产奠定基础。

（3）黄瓜根系适应的土壤溶液为中性偏酸，耐盐能力差，不耐旱，喜肥但不耐肥，施肥过量，尤其是化肥过量，水分不足时易引起烧根。因此，种植黄瓜宜以有机肥为主。

（4）茎的基部有生不定根的能力，尤其是幼苗，生不定根的能力强。不定根有助于黄瓜吸收肥水，因此，栽培上有"点水诱根"之说。在栽培过程中，茎基部经常形成一些根原基，采取有效措施，创造适宜诱根环境，促其根原基发育成不定根，有助于植株生长发育。

（5）根系喜温怕寒又不耐高温，黄瓜根系生长适温是 20 ~ 30℃，低于 20℃生理活性减弱，低于 12 ~ 14℃生长停滞，高于 30℃根系极易枯萎。秋冬茬黄瓜育苗时正处于高温季节，灌水可以降低地温，促进具有生命力旺盛的次生根的发生，在定植后还必须注意连续灌水 2 ~ 3 次，以降低地温诱发新根。冬春茬黄瓜苗期常因地温低，土壤湿度大而出现寒根、沤根，出现生理性干枯，栽培中注意提高地温。

（6）喜湿而怕涝，耐旱能力弱。黄瓜结瓜盛期要求土壤含水量达到田间最大持水量的 85% ~ 90%，经常灌水才能保证黄瓜高产。

2. 枝叶

（1）茎蔓 黄瓜的茎属于攀缘性蔓生茎，中空，五棱，生有刚毛。茎具有顶端优势和分枝能力。黄瓜的茎具有以下特点：①茎细长，瓜秧不能直立，不能把叶片合理分布到有利的空间进行光合作用和吸取空气中的营养，必须靠人工绑架来支撑。②茎细长不利于水分和养分的输导，不易保持瓜秧的水分平衡，叶面积又大，蒸发量大，极易因缺水造成枯萎，在长期阴雨或雪后骤晴，瓜秧易失水而被"闪死"。③茎蔓伸长生长比其他果菜快、早，在高温、拥挤、光照弱、水分大的情况下极易徒长。④茎蔓脆弱，易受到多种病害的侵袭和机械损伤，生产上要注意保护。

（2）叶片 黄瓜的叶分子叶和真叶。子叶为两侧对称生长，呈长圆形或椭圆形。子叶贮藏和制造的养分是秧苗早期的养分来源。真叶呈五角心脏形，叶缘有缺刻，叶和叶柄上均有刺毛。叶片较大，壮龄叶是光合作用的中心功能叶。黄瓜的叶有以下特点在生产上应注意：①叶面积大，蒸腾系数大，对营养要求高而本身积累营养物质的能力较弱，所以黄瓜对水肥条件要求高。②叶片大而脆，易受到病虫、有害气体及人为的机械损伤，在生产操作时要注意保护好叶片，尤其是中上层的叶片。

（二）黄瓜对环境条件要求

1. 温度

（1）气温 黄瓜喜温，在光照、土壤营养及气体营养处于正常指标下时，植株生长发育的适宜温度范围是 18~30℃，最适宜的温度是 24℃，能忍受的温度范围为 12~40℃。

黄瓜喜温又需要一定的昼夜温差。一般以昼温 25~30℃，夜温 13~15℃，昼夜温差以 10~17℃ 为宜，最理想的昼夜温差为 10℃ 左右。

黄瓜虽喜温，但对高温的忍耐能力较差，温度达 32℃ 以上，黄瓜呼吸量增加，而净同化率下降，35℃ 左右植株的同化产量及呼吸消耗就处于平衡状态，35℃ 以上生长不良，超过 40℃ 易引起落花、光合作用急剧减弱，代谢机能受阻，45℃ 高温达 3 小时，叶色变淡，雄花落蕾或不能开花，花粉发芽力下降，导致畸形果产生，50℃ 高温达 1 小时，呼吸完全停止。黄瓜正常生长发育的最低温度是 10~12℃。黄瓜对温度的适应能力常因降温的缓急和低温锻炼程度而大不相同，未经低温锻炼的植株或徒长秧苗，5~8℃ 就会遭受寒害，3~4℃ 就会冻死，经过低温锻炼的植株或秧苗，尤其是黄瓜嫁接苗，不但能忍耐 2~3℃ 的低温，甚至遇到短期 -2~0℃ 低温也不致冻死。

（2）地温 黄瓜根系对地温要求比较严格，黄瓜最低发芽温度为 12℃，最适发芽温度为 25~30℃。黄瓜根的伸长最低温度为 8℃，最适为 25~30℃，最高为 38℃，黄瓜根毛发生的最低温度为

$12 \sim 14℃$，最高为 $38℃$。生育期间黄瓜最适地温为 $20 \sim 25℃$，最低为 $15℃$左右。

2. 光照

黄瓜属短日照作物，较耐弱光。黄瓜对日照长短要求因生态环境不同而有差异。一般华南型品种对短日照较为敏感，而华北型品种对日照长短的要求不严格，$8 \sim 11$ 小时的短日照条件能促进性器官的分化与形成。

黄瓜喜光又耐弱光。因此，很适合冬春保护地栽培。黄瓜光饱和点为 5.5 万 lx，光补偿点为 $1\,500 \sim 2\,000$lx，生育期间最适宜的光照度为 4 万 $\sim$ 5 万 lx，2 万 lx 以下不利于高产，1.5 万 lx 以下停止生长。

光质与黄瓜生长发育也有密切关系。$600 \sim 700$nm 的红光部分，$400 \sim 500$nm 青光波长带，能提高光合率。

黄瓜的同化量有明显的日差异。每日上午为最高，占全日同化总量的 $60\% \sim 70\%$，下午较低只占全日同化总量的 $30\% \sim 40\%$。因此，在保护地栽培中，早晨应适当早揭苫，下午在能保证夜温的情况下，适当晚盖苫。

3. 水分

黄瓜根系浅，叶片大，地上部消耗水分多，对空气湿度、土壤水分要求都比较高。适宜的土壤相对湿度为 $80\% \sim 90\%$，空气相对湿度为 $70\% \sim 90\%$，黄瓜对空气湿度的适应能力比较强，夜间空气湿度达 $90\% \sim 100\%$ 也能忍受，但湿度过大，易发生病害。

黄瓜的不同生育阶段对水分要求也不同，发芽期需充足的水分，幼苗期和初花期应适当供水，但不可过湿，以防寒根、徒长和病害的发生。结果期营养生长与生殖生长同步进行，对水分需求多，需供给充足的水分才能获得高产。

4. 气体条件

植物光合作用的基本原料是二氧化碳和水，空气中的二氧化碳含量一般为 0.03%，在光照、温度及湿度处于正常指标下，空气中的二氧化碳含量一般在 0.005%~0.20%的范围内，光合强度随着二氧化碳浓度的增加而提高。晴天适宜的二氧化碳浓度为 0.10%~0.20%，阴天适宜的二氧化碳浓度为 0.05%~0.10%，低于 0.05%会饥饿而死亡，高于上限浓度会造成生育失调。由于黄瓜起源于森林地带，土壤腐殖质丰富，有氧呼吸旺盛，要求土壤通透性好，低于 2%的土壤含氧量将会生长不良，适宜生长的土壤含氧量为 15%~20%（表 5-1）。其他气体，如氨气、二氧化氮等气体也影响着黄瓜的生长发育。氨气是通过施入氨态氮肥（氨水、碳氨、尿素等）经过挥发和分解发酵释放出的氨气，当浓度积累到 0.10%以上时，会使功能叶片干枯变黄白。土壤中施入硝态氮后，经硝化作用会产生二氧化氮气体，当空气中的二氧化氮浓度达到 2mg/kg 以上时，会使黄瓜叶片的叶缘及叶脉间形成白色或褐色的小斑点。

表 5-1　土壤空气含氧量与三要素吸收量一览表

含氧量	2%	5%	10%	21%
N（氮）（mg/株）	317.4	445.8	555.2	720.1
P（磷）（mg/株）	35.2	70.7	90.1	102.1
K（钾）（mg/株）	258.8	472.5	660.6	762.8
植物干物全重（g/株）	9.85	13.62	16.82	17.45

5. 矿质营养

黄瓜生育前期，吸收氮磷较多，吸收钾少，后期吸收氮钾为主，在雌花开放以前以营养生长为主的时期，吸收氮、磷、钾的量约为一生总量的 20%，开花期和结果期吸收量要占到 80%。

6. 土壤

黄瓜最适宜在松软肥沃、透气性良好的中性偏酸性的沙壤土中生长。土壤酸碱度 pH 值在 5.5~7.2 的范围内，均能正常生长发育，但以 pH 值为 6 最适宜。黄瓜耐盐性差，不宜在盐碱地种植。

二、栽培季节与茬口安排

利用塑料大棚和日光温室栽培反季节黄瓜，其茬口安排和栽培季节要根据市场需求、上市时间和设施内的热量、光照条件来确定的。在日光温室的温度、光照、水分、二氧化碳外界条件适宜的条件下，黄瓜生产可达9个多月。在这9个多月中，因栽培季节不同又分为秋冬茬、越冬茬和冬春茬。

（1）光温室冬春茬　黄瓜从11月中旬开始播种，其时间可持续一个半月到两个月。适宜苗龄30~50d，嫁接苗定植后20~30d即可采收。一般3月进入盛瓜期，5月中下旬进入生产后期，生产后期因瓜的质量下降，大多数温室放弃管理而结束。

（2）日光温室越冬茬　是从10中旬在温室里嫁接育苗，11月中下旬开始定植，12月末至翌年元月初开始采收，采收期可长达5个月以上，5月至6月初结束。重点解决春节用瓜。

（3）日光温室秋冬茬　一般是8月中下旬至9月初露地播种育苗，9月中下旬开始定植，9月底至10月初开始扣膜，10月中旬盖草苫，11月至12月上旬是盛瓜期。

（4）塑料大棚春茬　一般是2月上旬播种育苗，3月下旬开始定植，4月中旬至7月下旬采收。

（5）塑料大棚秋茬　一般是7月中下旬露地播种育苗，8月上旬开始定植，9月上旬至11月初采收。

三、品种选择

应根据不同的栽培茬口选择适宜的品种。秋冬茬栽培应选择耐热、抗寒、长势强、抗病害的品种，主要品种有：津杂1号、津杂2号、津研7号、京旭2号、中农1101等。冬春茬和越冬茬应选择耐低温耐弱光又耐高湿、生长势强、早熟性好、第一雌花着生节位低，主蔓可连续结瓜且结回头瓜能力强，前期产量高而且集中的品种。目前适用于这茬黄瓜的品种有长春密刺、新泰密刺、山东密刺、津春3号、津春4号等，近年来由荷兰引进的小型黄瓜"戴多星"等雌性品种发展非常迅速。

四、育苗与定植

（一）育苗

目前日光温室栽培黄瓜，为提高黄瓜根系的耐寒性和抗枯萎的能力，除秋冬茬外，大多采用嫁接育苗。

温室栽培秋冬茬黄瓜，多在7月中下旬播种。定植时的适宜苗龄平均为40~50d，生理苗龄为四叶一心。若按苗龄来推算，播种后40~50d进行定植。

1. 穴盘育苗

用每盘50孔或72孔的育苗盘育苗，基质选用透气性、渗水性好，富含有机质的材料，如蛭石与草炭1∶1混合，加入一定的化肥即可；也可将洁净沙壤土或腐质土，拌少量腐熟细粪后过筛，装于盘内，不宜装满，稍浅，把催芽后的种子放于穴内，每穴一粒，然后再盖上基质后浇透水，用多菌灵和杀虫剂最后喷淋一遍起杀菌杀虫作用。每亩大田栽苗4 000株左右，需种子80~100g。

2. 嫁接育苗

在连作时，为防止枯萎病和冬季低温危害的发生，常采用嫁接育苗。一般以黑籽南瓜为砧木，采用插接、靠接、劈接、平接等方法进行嫁接，嫁接完成后栽植于苗钵中，浇水后覆盖拱棚，拱棚外覆盖薄草帘或纸袋等遮光，保持棚内湿度90%~95%，温度25~30℃，三天后早晚打开草帘见光，一周后可以通风。嫁接苗生长较快，播种时间同常规日期，但黑籽南瓜发芽率低，出苗时间较长，应适当提早播种7~10d。

3. 直播

播前可进行浸种催芽，用50℃温水浸种，以促进种子吸水活化，兼起杀菌作用，待水温降至30℃时保持恒温，继续浸5~6小时。浸种后，把种子轻搓洗净，用清洁湿纱布包好，保持在30℃

条件下催芽，可放于瓦罐内或瓷盘内，保持一定湿度，放在灶上两昼夜出芽后即可播种。可按 60cm、80cm 的大小行开沟，沟内灌水，水渗后按 25~30cm 点播，覆土厚度为 1.5~2.0cm。每亩用种量 250g，每穴播种 2~3 粒。播后浇水，然后用地膜覆盖。

（二）整地施肥

整地方法因前茬作物不同而有区别，前茬是白菜、黄瓜和速生菜的，一般要在普遍施肥的基础上进行耕翻。耙平后，按 1~1.1m 距离，开沟集中施肥与土拌匀。在沟里浇足水，地皮发干后，在沟上扶起垄，称之为主行所占据的垄。在两主行之间再扶起一拢；称之为副行。前茬是芹菜，一般地发阴，芹菜刨收后，按上述方法施肥翻地、翻地后晒几天堡升温。

一般情况下，亩施基肥用量，优质圈肥为 8 000~15 000kg，饼肥 150~200kg，硝铵 50kg，过磷酸钙 150~200kg，或用磷酸二铵 50~75kg 代替上述两种化肥，草木灰 150kg。有条件的亩施硫酸锌 3kg 左右。

（三）定植

定植时，要考虑下面五个条件：一是否达到了当地所建日光温室条件所允许的最早定植日期；二是秧苗是否达到了适宜苗龄；三是前茬作物是否腾出地方让出了定植空间；四是否遇到了连续晴天；五是定植前的准备工作如人员、工具是否齐备。上述条件具备时，要测试地温。测点选在距离温室前底角 40cm 处，连测 3~4d10cm 地温。若地温稳定在 12℃ 以上，说明达到了定植的温度指标。上述条件不具备，不要草率定植。可以对环境因子做一些处理工作，如割坨晒坨，将营养钵散离开扩大单株营养面积及分散到低温区进行炼苗等。

定植时间选在阴天上午进行，要求定植后至少有 3~4 个晴天。定植时遇到阴天最好要停止定植。继续定植时，不要浇水，待天气转晴后再浇水。

一般情况下，采用南北行向定植，而且要栽到垄上，其行距以1m 左右为好。由于温室条件不同，主要采用两种栽植方式：

（1）主副行强化整枝变化密度栽培　主行距 1~1.1m，平均株距 27~30cm，要求前稠后密，每垄定植 14~16 行。主行的垄间再起一条栽副行的垄，平均株距 20cm，每行植 22~24 株。

（2）主副垄长短行种植　该栽植方式与前一种基本相似。要求主行平均株距 23~25cm，每行栽 20 株左右。副行只在垄前部栽5~6 株。

五、定植后的管理

（一）水、肥、温度的管理

1. 水分调节

定植后要强调灌好 3~4 次水，即稳苗水、定植水、缓苗水等。在浇好定植缓苗水的基础上，当植株长有 4 片真叶，根系将要转入迅速伸展时，应顺沟浇一次大水，以引导根系继续扩展。随后就进入适当控水阶段，此后，直到根瓜膨大期一般不浇水，主要加强保墒，提高地温，促进根系向深处发展。结瓜以后，严冬时节即将到来，植株生长和结瓜虽然还在进行，但用水量也相对减少，浇水不当还容易降低地温和诱发病害。天气正常时，一般 7 天左右浇一次水，以后天气越来越冷，浇水的间隔时间可逐渐延长到 10~12d。浇水一定要在晴天的上午进行，可以使水温和地温更接近，减小根系因灌水受到的刺激；并有时间通过放风排湿使地温得到恢复。

浇水间隔时间和浇水量也不能完全按上面规定的天数硬性进行，还需要根据需要和黄瓜植株的长相、果实膨大增重和某些器官的表现来衡量判断。瓜秧深绿，叶片没有光泽，卷须舒展是水肥合适的表现；卷须呈弧状下垂，叶柄和主茎之间的夹角大于 45°，中午叶片有下垂现象，是水分不足的表现，应选晴天及时浇水。浇水还必须注意天气预报，一定要使浇水后能够遇上几个晴天，浇水遇上连阴天是非常被动的事情。

春季黄瓜进入旺盛结瓜期，需水量明显增加。此时浇水就不能只限于膜下的沟内灌溉，而是逐条沟都要浇水。浇水的间隔时间会因管理的温度不同而有明显的差别，按常规温度（白天 25~28℃，不超过 32℃，夜间 18~16℃）管理的，一般 4~5d 浇一次水；管理温度偏高的，根据情况可以 2~3d 浇 1 次水。只有根据管理温度，在满足所必需的肥料供应的前提下，提供足够的水分，才能够保证高产。嫁接苗根系扎得深，不能像黄瓜自根苗那样轻轻浇过，间隔一定时间适当地加大一次浇水量，把水浇透，以保证深层根系的水分供应。

空气湿度的调节原则是，嫁接苗到缓苗期宜高些，相对湿度达到 90%左右为好。结瓜前，一般掌握在 80%左右，以保证茎叶的正常生长，尽快地搭起丰产的架子。深冬季节的空气相对湿度控制在 70%左右，以适应低温寡照的条件和防止低温高湿下多种病害的发生。入春转暖以后，湿度要逐渐提高，盛瓜期要达到 90%左右。此时，原来覆盖在地面的地膜要逐渐撤掉，而且大小行间都要浇明水。须知，高温时必须有高湿相随，否则高温是有害的，也不利于黄瓜的正常长秧和结瓜。

2. 施肥

（1）营养土配制　黄瓜施肥首先要重视育苗土的配制。一般可用 50%菜园土、30%草木灰、20%腐熟干猪粪混和均匀而成。黄瓜育苗营养土除需进行土壤处理消除病虫害以外，还可以增施磷酸二氢钾，按每立方米营养土加入磷酸二氢钾 3~5kg 计算，与营养土混和均匀。幼苗期适当增施磷、钾肥可以增加黄瓜幼苗的根重和侧根数量，利于营养吸收和壮秧。也可在幼苗期喷施 0.3%尿素和磷酸二氢钾的混合液，以补充营养，培育壮秧。

（2）基肥　黄瓜对肥料的利用率低，所以黄瓜地需要多施基肥，定植前亩施有机肥 6 000kg，生物肥 250kg，尿素 60kg，过磷酸钙 30~40kg，硫酸钾 50kg，硫酸锌 2kg。

（3）追肥　黄瓜定植后随浇稳苗水追施促苗肥。每亩用尿素

1~2kg。在进入结果期前为了促进根系发育，可在行间开沟或在株间挖穴，每亩施用氮磷钾复合肥 20~25kg。进入结果期后，由于果实大量采收，每 5~10d 应追肥 1 次，每次每亩施高氮复合肥 25~30kg。施肥方法可随水冲施。为了补充磷、钾营养，在盛果期结合打药，喷施 0.5% 的磷酸二氢钾 2~3 次，0.2% 的硝酸钙、0.1% 的硼砂 2~3 次，可以提高产量，防止瓜秧早衰和减少畸形果。

3. 温度管理

（1）定植到根瓜膨大期 这一时期大多数地区的天气较好，管理上应以促秧、促根和控制雌花节位为主，抢时搭好丰产架子，培养出适应低温寡照条件的健壮植株，为安全越冬和年后高产打下基础。

越冬茬属于长期栽培，一般黄瓜从第 7 节附近开始出现雌花，以便有利于调整结瓜和长秧的关系。为此，在温度管理上就要依苗分段来进行管理：第 1 片真叶以前采用稍高的温度进行管理，一般晴天的上午保持 25~32℃，夜间到 16~18℃。从第 2 片叶展开起，采用低夜温管理（清晨 10~15℃），以促进雌花的分化。5~6 片真叶以后，栽培环境有利于雌花的分化时，则会使品种的雌花着生能力得到充分的表现。此期的温度应适当高些，晴天白天上午 25~32℃，下午 23~20℃，夜间 20~14℃。如果前期因天气或人为原因而没有采取控制雌花节位的温度管理程序，雌花出现的节位就低，雌花连续大量出现，植株生长可能或已受到抑制，甚至出现"花打顶"时，要下决心通过人工疏瓜措施进行调整。

（2）结瓜前期 越冬茬黄瓜开始结瓜后，大多数地区已进入严冬时节，光照越来越显不足。此时管理温度必须在前一阶段的基础上逐渐降下来，逐渐达到晴天上午 23~26℃（弱光下气温 23~25℃时净光合率最高）。不使其超过 28℃；午后 22~20℃，前半夜 18~16℃，不使超过 20℃，清晨揭苫时 12~10℃。此时的温度，特别是夜温一定不能过高。

在最冷时节到来以前，要使黄瓜经受白天 10~12℃、夜温 8℃

左右低温的锻炼，以使黄瓜产生适应性的生理变化，从而能够比较安全地进入和度过低温期。低温寡照期切不可使温度忽高忽低，特别不要轻易放高温，那样会使低温下植株体内产生的糖分在高温下变成呼吸基质而被消耗掉，影响其抗寒能力。在上述有计划地逐步实现的低温管理下的黄瓜，一般表现为节间短（7.8cm），叶子小（直径一般16~18cm，不超过20cm）、叶柄短。这种株型也可以视为低温条件下一种适应性的株型。它虽然单叶面积小，但上下遮挡轻，总体光合效率还是比较高的。

（3）春季盛瓜期　入春后，日照时间逐日增长，日照强度逐日加大，温度逐日提高，黄瓜逐渐转入产量的高峰期。此期温度管理指针要随之提高，逐渐达到理论上适宜的温度管理。这种温度管理下的植株一般比较健壮，营养生长和生殖生长比较协调，有利于延长结瓜期和提高总产量。进入3—4月，为了抢行情，及早拿到产量，也可采用高温管理。高温管理时，晴天的白天上午温度掌握在30~38℃。夜温21~18℃。高温管理须有一些基本的条件，第一是品种必须对路，例如密刺黄瓜一般可进行这种管理；第二是瓜秧必须是壮而偏旺的，瘦弱的植株往往不适应这种高温条件；第三是必须有大量施用有机肥这样一个基础，能够大量施用速效氮肥；第四是必须有大水这样一个保证条件。

日光温室里的温度严格受到光照条件左右。上述温度管理指针应作为生产过程中一种指导思想和大概尺度，在生产实践中，更应该根据黄瓜生长状况、天气情况，市场行情和病害发生情况进行灵活掌握，以获得理想效益。

（二）植株调整

（1）吊蔓　深冬黄瓜定植后1周左右，用聚丙烯撕裂绳下端拴在秧茎部，绳的上端缠绕一段，作为以后落蔓时使用，然后系在垄顶薄膜下细铁丝上，同时将瓜蔓引到吊绳上，进行"S"形绑蔓。冬春茬黄瓜枝叶繁茂，一般采用取插架绑蔓。在植株长有6片多叶，卷须开始出现时插架，绑蔓时，为防止瓜蔓过早达到棚顶，头 1~2 次绑架可采取"S"形迂回绑架。也可先直绑，待往上绑时，再将瓜蔓调整为"S"形，以后要直着往上绑。做"S"形绑蔓，要通过弯曲茎的长短来调整各植株基本保持一致。

（2）摘卷须和雄花 结合绑蔓及时去除雄花，打掉卷须和基部第 5 节以下的侧枝。第 5 节以上的侧枝可留 1 条瓜，在瓜前留下 2 个叶片摘心。

（3）落蔓与打老叶 及时摘除化瓜、弯瓜、畸形瓜，及时打掉下部的老黄叶和病叶，去掉已收完瓜的侧枝。植株长满架时，主蔓茎部已扫掉了枝叶，应将预留的吊绳解放下，使蔓基部盘卧地面上，为植株继续生长腾出空间，并根据植株生长情况，隔一段时间落一次蔓。

（三）放风管理

冬季为排除设施内的湿气、有害气体和防止温度过高时，必须适当放风。但冬季冷风直接吹到叶片上容易造成冻害。所以冬季放风要注意两点：第一只开启上排放风口，不开下排放风口；第二放风口最好用一块塑料布阻挡一下直接进入温室内的冷空气，不使其直接吹到叶片上。

六、棚室黄瓜常见病虫害及防治

（一）猝倒病

症状 猝倒病是黄瓜苗期的重要病害。幼苗染病后，在出土表层茎基部呈水浸状软腐倒伏，即猝倒。幼苗初感病时根部呈暗绿色，感病部位逐渐萎缩，病苗折倒坏死。染病后期茎基部变成黄褐色干枯成线状。

救治方法

（1）生物防治 清洁田园，阻断越冬病残体组织传病。用异地大田土和腐熟的有机肥配制育苗营养土。严格掌握化肥用量。避免烧苗。合理分苗、密植，控制湿度、浇水是关键。苗床土应注意消毒。

（2）药剂处理　取大田土与腐熟的有机肥按6∶4混合，并按每立方米苗床加入100g68%金雷水分散粒剂和2.5%适乐时悬浮剂100mL拌土一起过筛混合。用这样的土装入营养钵或做苗床土表土铺在育苗畦上，并用600倍的68%金雷水分散粒剂药液封闭覆盖播种后的土壤表面。

（3）种子包衣　可选2.5%适乐时悬浮剂10mL+35%金普隆拌种剂2mL，或6.25%亮盾悬浮种衣剂10mL对水150～200mL包衣3kg种子，可有效预防苗期猝倒病和立枯病、炭疽病等苗期病害。

（4）药剂淋灌　可选择68%金雷水分散粒剂500～600倍液（折合100g药对水45～60L），或72%克抗灵、72%霜疫清可湿性粉剂700倍液，或64%杀毒矾可湿性粉剂500倍液，或69%安克湿性粉剂600倍液或72.2%普力克水剂800倍液等对秧苗进行淋灌或喷淋。

（二）霜霉病

症状　霜霉病也称"跑马干"，是甜瓜全生育期均可感染的病害，主要为害叶片，因病斑受叶脉限制，呈多角形浅褐色或黄褐色斑块，为非常容易诊断的病害，叶片初染病时，上生水浸状小斑点，叶缘、叶背面出现水渍状病斑，逐渐扩展受叶脉限制扩大后呈现大块状黄褐角斑，湿度大时病叶背面长出灰黑色霉层，结成大块病斑后会迅速干枯，霜霉病大发生会对黄瓜生产造成毁灭性损失。

救治方法

（1）选用抗病品种　可选用戴多星、满冠、园春3号、哈研系列等抗霜霉病的品种。

（2）生物防治　清洁田园，切断越冬病残体组织传病，合理密植、高垄栽培、控制湿度是关键。地膜下渗浇小水或滴灌，节水保温，以利降低棚室湿度。清晨尽可能早放风以放湿气，尽快进行湿度置换。放湿气的时候，人不要离开，见棚内雾气减少，雾气明显外流后，立即关上风口，以利快速提高棚内气温。注意氮、磷、钾均衡施用，育苗时苗床土必须消毒和做药剂处理。

（3）药剂救治 预防为主，移栽棚室缓苗后可参考黄瓜一生病害防治大处方，预防可采用70%达科宁可湿性粉剂600倍液（100g药对水60L），或25%阿米西达悬浮剂1 500倍液，或25%瑞凡悬浮剂1 000倍液，或80%大生可湿性粉剂500倍液，或56%阿米多彩悬浮剂800倍。发现中心病株后立即全面喷药，并及时清除病叶带出棚外烧毁。救治可选择68%金雷水分散粒剂500~600倍液（折合100g药对水45L），或加入25%阿米西达悬浮剂1 500倍液，或72%克抗灵可湿性粉剂、72%霜疫清可湿性粉剂600倍液，或64%杀毒矾可湿性粉剂500倍液，或69%安克可湿性粉剂600倍液，或72.2%普力克水剂800倍液等。

（三）灰霉病

症状 灰霉病主要为害幼瓜和叶片。病菌先从叶片边缘侵染，呈小型"V"字形病斑。病菌从开花后的雌花花瓣侵入，导致花瓣腐烂，果蒂顶端开始发病，果蒂感病向内扩展，致使感病幼瓜呈灰白色，软腐，感病后期无论幼瓜还是叶片均长出大量灰绿色霉层。

防治方法

（1）生态防治 棚室要高畦覆地膜栽培，地膜下渗浇小水。有条件的可以考虑采用滴灌措施，既节水又控湿。加强通风透光，尤其是阴天除要注意保温外，还应严格控制灌水。早春应将上午放风改为清晨短时放湿气，而且要尽可能早，尽快进行湿气置换、降湿提温，有利于甜瓜生长。及时清理病残体，摘除病果、病叶，集中烧毁和深埋。

（2）药剂救治 因黄瓜灰霉病是侵染老化的花器，预防用药一定要在黄瓜开花时开始。首先用2.5%适乐时悬浮剂600倍液或用50%利霉康500倍液，对黄瓜雌花进行蘸花或喷花。黄瓜整个生长期最好采用黄瓜一生病害防治大处方进行整体预防。可选用25%阿米西达悬浮剂1 500倍液，或75%达科宁可湿性粉剂600倍液喷施预防，或50%农利灵悬浮剂1 000倍液、50%多霉清可湿性粉剂800倍液、50%利霉康可湿性粉剂1 000倍液等喷雾防治。

注：喷施嘧霉胺类杀菌剂，易使黄瓜叶片产生褪绿性黄化药害，请慎用。

（四）炭疽病

症状 炭疽病在黄瓜整个生育期均可侵染。主要侵染叶片、幼瓜、茎蔓。初为圆形或不规则形褪绿水渍状凹陷病斑，病斑逐渐扩大凹陷有轮纹，而后变成褐色，斑点中间呈浅褐色，近圆形轮纹状，有穿孔。

防治方法

（1）生态防治 重病地块轮作倒茬。可以与茄科或豆科蔬菜进行2~3年的轮作。加强棚室管理，通风放湿气。设施栽培建议地膜覆盖或滴灌，以降低湿度减少发病机会。晴天进行农事操作，不在阴天整蔓、采收，以免人为传染病害。

（2）种子包衣防病 参见猝倒病种子包衣防病方法。

（3）药剂浸种 用75%达科宁可湿性粉剂500倍液浸种60分钟后冲洗干净催芽，有良好的杀菌效果。

（4）苗床土消毒 可减少侵染源，方法参照猝倒病苗床土消毒配方。

（5）药剂防治 建议采用黄瓜一生病害防治大处方进行早期统一整体预防。因病害有潜伏期，一旦发病防不胜防，建议采取25%阿米西达悬浮剂1 500倍液预防，会有非常好的效果。也可选用75%达科宁可湿性粉剂600倍液，或56%阿米多彩悬浮剂800倍液，或10%世高水分散粒剂1 500倍液，或80%大生可湿性粉剂600倍液，或2%加收米水剂600倍液，或70%甲基托布津可湿性粉剂500倍液等喷雾，7~10d防治一次。

（五）白粉病

症状 黄瓜全生育期均可以感病，主要感染叶片。发病初期主要在叶面长有稀疏白色霉层，逐渐叶面霉层变厚形成浓密的白色圆斑。发病重时感染茎蔓，发病后期叶片发黄坏死。

防治方法

（1）生态防治　适当增施生物菌肥和磷、钾肥。加强田间管理，降低湿度，增强通风透光。收获后及时清除病残体，并进行土壤消毒。棚室应及时进行硫黄熏蒸灭菌和地表药剂处理。

（2）药剂防治　建议采用甜瓜一生病害防治大处方进行整体预防。采取25%阿米西达悬浮剂1 500倍液预防措施会有较理想的效果。也可选用75%达科宁可湿性粉剂600倍液，或10%世高水分散粒剂2 500~3 000倍液，或32.5%阿米妙收悬浮剂1 500倍液，或80%大生可湿性粉剂600倍液，或43%菌力克悬浮剂3 000倍液，或2%加收米水剂400倍液，或40%福星乳油4 000倍液。后期还可以考虑使用25%爱苗乳油4 000倍液喷施。

（六）细菌性角斑病

症状　黄瓜细菌性角斑病主要为害叶片、叶柄和幼瓜。整个生长时期病菌均可以侵染。苗期感病子叶呈水浸状黄色凹陷斑点。叶片感病初期叶背为浅绿色水渍状斑，渐渐叶面变成浅褐色坏死病斑，病斑受叶脉限制叶正面有时呈小型多角形，这是与霜霉病症状极易混淆的症状。但是细菌性角斑病发病后期病斑逐渐变灰褐色，棚室温湿度大时，叶背面会有白色菌脓溢出，这又是区别于霜霉病的主要特征。干燥后病斑部位脆裂穿孔。

防治方法

（1）选用耐病品种　引用抗寒性强的杂交品种，如中农5号、黑油条、夏青、龙杂黄3号，以及津绿系列等。

（2）农业措施　清除病株和病残体并烧毁，并在病穴撒入石灰消毒。深耕土地，注意放风排湿，采用高垄栽培，严格控制阴天带露水或潮湿条件下的整枝绑蔓等农事操作。

（3）种子消毒　用55℃温水浸种15分钟，或用硫酸链霉素200万单位浸2小时，洗净后播种。

（4）药剂防治　预防细菌病害初期可选用 47%加瑞农可湿性粉剂 800 倍液或 77%可杀得可湿性粉剂 500 倍液，或 30%DT 杀菌剂 50 倍液，或新植霉素或链霉素 200 万单位或 27.12%铜高悬浮剂 800 倍液喷施或灌根。用硫酸铜每 667m^{2}3~4kg 撒施浇水处理土壤可以预防细菌性病害。

（七）枯萎病

黄瓜枯萎病一般在开花结瓜初期发病，感病植株初期先表现为上部或部分叶片、侧蔓中午呈萎蔫状，看似因蒸腾脱水，晚上恢复原状，而后萎蔫部位或叶片不断扩大增多，逐步遍及全株致使整株萎蔫枯死。接近地面的茎蔓纵裂，剖开茎秆可见维管束变褐。湿度大时感病茎秆表面生有灰白色霉状物。

防治方法

（1）选择抗病品种　博美系列、津绿、硕密、长春密刺等均有较好的抗枯萎病特性。

（2）种子处理　①种子包衣消毒：选用 2.5%适乐时悬浮种衣剂 10mL 加 35%金普隆乳化种衣剂 2mL，或 6.25%亮盾悬浮种衣剂 10mL，对水 150~200mL，可包衣 4kg 种子；②将种子作于热杀菌处理，即在 60℃下处理 1d；③用 40%福尔马林 150 倍液浸种 15~30 分钟，用清水洗净然后播种。

（3）育苗土消毒　采用营养钵育苗，营养土消毒，苗床或大棚土壤处理，方法参照育苗防病措施。

（4）嫁接防病　见嫁接育苗方法。

（5）加强田间管理　适当增施生物菌肥及磷、钾肥。降低田间湿度，增强通风透光，收获后及时清除病残体，并进行土壤消毒。

（6）高温闷棚　保护地连作栽培的地块，应该考虑采用高温闷棚的方法降低土壤中病菌和线虫的为害。其操作顺序是：①拉秧；②深埋感病植株或烧毁；③撒施石灰和稻草或秸秆及活化剂；④深翻土壤；⑤大水漫灌；⑥铺上地膜和封闭大棚；持续高温闷棚

20~30d，保持土壤温度在50℃以上。注意可以放置土壤测温表，观察土壤温度。揭开地膜晾晒后即可做垄定植。

（7）药剂防治 ①灌根用药：定植时用生物菌药处理，萎菌净1 000倍液每株250mL，穴施灌根后定植，初花期再灌一次会有较好的防病效果。也可选用98%噁霉灵可湿性粉剂2 000倍液，或75%达科宁可湿性粉剂800倍液，或2.5%适乐时悬浮剂1 500倍液，或80%大生可湿性粉剂600倍，或甲基托布津可湿性粉剂500倍液，可50%多菌灵可湿性粉剂400倍液，每株250mL，在生长发育期、开花结果初期、盛瓜期连续灌根，早防早治效果会明显。②药剂涂茎：用50%多菌灵可湿性粉剂200~300倍液或甲基托布津可湿性粉剂300倍液涂茎。

（八）线虫病

症状 线虫病就是菜农俗称"根上长瘤子"的病，主要为害植株根部或须根。根部受害后产生大小不等的瘤状根结，解剖结根感病部位会发现很多细小乳白色线虫埋藏其中。感病后地上植株生长衰弱，中午时分有不同程度的萎蔫现象，并逐渐枯黄。

防治方法

（1）生态防治 ①无虫土育苗：选大田或没有病虫的土壤与不带病残体的腐熟有机肥以6∶4的比例混匀，每立方米营养土再加入100mL1.8%阿维菌素，混匀后用于育苗。②棚室在高温条件下用氰氨化钙（又称石灰氮）消毒。使用方法是：在前茬蔬菜拔秧前5~7d浇一遍水，拔秧后立即每667m²均匀撒施60~80kg氰氨化钙于土壤表层，也可将未完全腐熟的农家肥或农作物粉碎秸秆均匀地撒在土壤表面，旋耕土壤10cm使其混合均匀，再浇一次水，覆盖地膜，高温闷棚7~15d，然后揭去地膜，放风7~10d后可做垄定植。处理后的土壤栽培前应注意增施磷、钾肥和生物菌肥。

（2）药剂处理 定植前每667m²沟施10%福气多颗粒剂2.5~3kg，施后覆土、洒水、封闭盖膜1周后松土定植；或每667m²用10%克线丹颗粒剂3~4kg沟施或用3%米乐颗粒剂均匀施于定植沟、穴内。

七、采收

黄瓜的瓜把深绿，瓜皮有光泽，瓜上瘤刺变白，顶稍现淡绿色条纹即可采收瓜（管理适当，一般开花后 7~12d），为了质量鲜嫩、减少养分消耗、增加单株收瓜条数，应当及时采收较嫩瓜条，尤其是根瓜，一定要早采收，以防瓜坠秧。采用棚室栽培的黄瓜，适时多次采收是提高其产量和质量的有效措施。据试验，每天采收一次比隔日采收一次的瓜数多 21.4%，总产量提高 9%；每天采收一次比隔 3d 采收一次的瓜数多 42.3%，总产量提高 11.8%，并可减少畸形瓜的出现。可见如果水肥充足，采收愈勤，产量愈高，一般要求每天采收。采收应选择在 8 时前进行，轻摘轻放，分级包装；下午采收不仅易使瓜果产生苦味，影响质量，而且瓜果因温度过高，不耐贮运。

第二节　西葫芦设施生产技术

西葫芦原产中美洲，故称美洲南瓜。我国有些地方简称葫芦。西葫芦是瓜类中生长迅速且旺盛的一种蔬菜，它不仅对栽培条件和气候条件有着较强的适应力，而且根系发达，吸收水肥能力强。利用日光温室进行栽培，使冬季和春季都有鲜菜供应，经济效益高，发展前景好。

一、西葫芦的生物学特征与设施生产

（一）西葫芦的植物学形态特征

1. 根系

西葫芦根系强大，主根可以深达 2m，大部分根系分布在 10~30cm 的土层内，侧根水平伸展可达 40~75cm。根系发达，吸水肥能力强，但再生能力差。栽培中要尽量避免伤根。

2. 茎蔓

西葫芦分蔓生、半蔓生和矮生，日光温室栽培多选用矮生的。矮生品种一般茎蔓丛生，可生 1~2 个短蔓，节间短，粗壮，主蔓长达 30~50cm，易产生分枝，可以为栽培换头创造条件。

3. 叶片

西葫芦的叶片硕大，互生，叶面有较硬的刺毛，有一定的抗旱能力。叶柄中空，易折断，栽培中应注意保护。

4. 花

西葫芦的花为同株异花，着生于叶腋。矮生的早熟品种第一雌花着生在第 4~5 节上，以后每隔 1~2 节着生一朵雌花。

5. 果实

西葫芦的果实直而整齐，长圆筒形，上有微突起的浅棱，果皮非常光滑如蜡，金黄色，果柄五棱形，浓绿色，果肉柔嫩，奶白色，商品果长 18~20cm。

6. 种子

西葫芦的种子为披针形，浅黄色，千粒重 150~200g。发芽年限为 4~5 年，使用年限为 2~3 年。

（二）西葫芦对环境条件的要求

1. 温度

西葫芦在瓜类蔬菜中属比较耐低温的一个，生长发育的适温为 18~25℃，整个生长期白天温度控制在 25℃左右，夜间控制在 12~15℃为宜。32℃以上易形成畸形瓜，11℃以下植株停止生长。种子发芽适温为 25~30℃，低于 13℃不发芽，高于 35℃芽细长。开花坐果期的适温为 22~25℃，低于 15℃授粉不良，高于 32℃花器发育不正常。

2. 光照

西葫芦对光照条件要求不严格，短日照、低夜温条件下雌花出现早而多，着生节位也低。由于西葫芦单性结瓜能力弱，必要时进行人工辅助授粉或 2，4-D 蘸花，以保证雌花正常结瓜。光照充足时植株生长良好，果实发育快，品质好。光照不足、强度弱、时数少，植株发育不良，表现出叶色淡、叶片薄、叶柄长，结瓜数量减少，易发生病虫害，品质较低。

3. 水分

西葫芦根系具有较强的吸水和抗旱能力，但是其叶片硕大，蒸腾作用强，要求比较湿润的土壤条件。结瓜前灌水不宜多，水量大容易造成植株徒长。瓜果迅速膨大时需水量大，必须加强水分灌溉量。但西葫芦对空气湿度又要求较干燥的空气湿度条件，温室栽培时必须通过减少地面水分蒸发和通风放风来调节空气湿度，空气湿度控制在45%~55%。

4. 土壤及营养

西葫芦根系强大，适应性强，对土壤要求不严格，但为了温室生产的产量和效益。要选择疏松肥沃、保肥保水能力强的微酸性壤土，pH值在5.5~6.8最为适宜。

在西葫芦生长前期，氮肥是必需的，但氮肥过多，容易造成茎叶徒长、落花落果及病害的发生。必须强调氮、磷、钾配合施肥，开花期和结瓜前期适当追施氮肥，结瓜期要注重钾肥的施用。

二、栽培季节及茬口安排

冬用型塑料日光温室冬季、春季均可栽培。目前主要有两种栽培方式：一是冬春茬，多在12月上中旬开始育苗，元月中下旬定植，2月下旬开始采收，5月上中旬结束。二是越冬茬，一般9月底至10月初播种育苗，11月上中旬定植，12月中旬开始采收，直到翌年5月采收结束。

三、适合设施栽培的优良品种

西葫芦设施栽培应选择生长势强、早熟、耐低温的矮生型西葫芦品种。果实的形状和色泽均应符合消费习惯和市场要求。

（一）早青一代

由山西省农业科学院蔬菜所用花叶西葫芦和黑龙江小白皮杂交而成的杂交一代种。

品种特性　节间短，侧枝多而短，叶柄短，叶片小，株型紧凑，生长整齐一致，叶面上有较多的银白色斑点。第一个瓜着生在第五节上，以后每节一瓜，一般播后 40~50d 采收第一个瓜，坐瓜力强，可同时坐 2~3 个瓜。瓜长筒形，瓜柄一端略细，嫩瓜皮浅绿，有细密绿色网纹，并间有白色小点。瓜肉乳白色。

栽培要点　该品种开张角度小，适宜密植。耐低温能力强，是设施栽培的优良品种。

（二）花叶西葫芦

又称阿尔及利亚一号，由阿尔及利亚引进的优良品种。

品种特性　该品种节间极短，自然蔓长 30~50cm，分枝力中等，株型紧凑，适于密植。叶片呈五星掌状，叶缘深裂，似碎花状，像西瓜叶。叶色深浅不一，在近叶脉分枝处有银白色角斑。第一雌花着生在第 5~6 节上，以后每节一瓜。瓜呈倒卵圆形，上有 8 条明显的棱。嫩瓜瓜色呈深绿色，相间有浅绿色条纹。瓜肉绿白色，纤维少，品质优良。

栽培要点　该品种生长势强，耐寒、早熟，幼瓜谢花后经 14d 可成瓜，产量集中。

（三）阿太一代

由山西省农业科学院蔬菜所用花叶西葫芦和太原大黑皮杂交而成的杂交一代种。

品种特性　该品种叶色深绿，叶面有稀疏的白斑。矮生，自然蔓长 33~50cm，节间密。第一雌花着生在第 5~6 节上，以后每节一瓜。嫩瓜瓜色呈深绿色，有光泽。

栽培要点　该品种单株结瓜较多，开始结瓜后要加强水肥管理。嫩瓜要早采收。

（四）中葫 1 号

是中国农业科学院蔬菜花卉所最新培育的西葫芦系列优良杂种一代。

品种特性　以主蔓结瓜为主，早熟性好，坐瓜多，节成果性强，前期产量高。瓜型棒状，瓜皮浅绿色。以嫩瓜食用为主，一般采收标准在 150~200g。品质优良，营养丰富，特别是胡萝卜素及铁的含量高于一般西葫芦品种。

栽培要点　该品种生长势较强，抗逆性较好，适于各类保护地及露地早熟栽培。

四、育苗与定植

（一）育苗

西葫芦一般在温室或阳畦内采用营养钵育苗，9 月下旬至 10 月初开始进行。寒冷季节可以用电热温床进行育苗。

1. 播种期

西葫芦属于喜温蔬菜，定植时的地温应稳定在 13℃ 以上，正常生长时的最低气温不要低于 8℃。保护地和冬春季生产，要根据以上温度指标及苗龄来确定当地适宜的播种期；秋季播种期比当地大白菜略晚 4~5d。适播期一般为 9 月下旬至 10 月上旬。

2. 播前种子处理

①温汤浸种：将种子放入干净的盆中，倒入 50~55℃ 温水烫种 15~20 分钟后，不断搅拌至水温降到 30℃ 左右。然后加入抗寒剂浸泡 4~6 个小时。再用 1% 高锰酸钾溶液浸种 20~30 分钟（或用 10% 磷酸三钠溶液浸种 15 分钟）灭菌。边搓边用清水冲洗种子上的黏液，捞出后控出多余水分，晾至种子能离散，然后开始催芽。

②催芽：浸种后，把种子轻搓洗净，用清洁湿纱布包好，保持在 28℃ 条件下催芽，催芽期间种子内水分大，则容易烂籽，所以每天均应用温水冲洗 2~3 遍后，晾至种子能离散，继续保持催芽。

2~3d 开始出芽，出芽时不要翻动，3~4d 大部分种子露白尖，70%~80%的芽长达到 0.5cm 即可播种。

3. 播种

种子最好播在育苗钵内，也可直接播在苗床内（要进行分苗和切方）。播种前要浇足底水，待水下渗后在每钵中央点播 1~2 粒种子，覆土厚度 1.5cm 左右，并覆盖一层地膜。

4. 苗期管理

出苗前白天温度为 25~30℃，夜间为 18~20℃。出苗后撤去地膜，白天温度在 25℃ 左右，夜间为 13~14℃。定苗前 8~10d，要进行低温炼苗，白天温度控制在 15~25℃，夜间温度逐渐降至 6~8℃，定植前 2~3d 温度还可进一步降低，让育苗环境与定植后的生长环境基本一致。西葫芦的苗龄一般为 25~35d。

（二）整地施肥

（1）施足底肥 要求施足底肥，精细整地，科学施用。一般亩用优质腐熟猪圈粪，厩肥或富含有机质农家肥不少于 15 000kg，过磷酸钙 150~200kg，饼肥 200~300kg，尿素 30~40kg。肥料施用应采取地面铺施和开沟集中施用相结合的方法，肥料施入后及时深翻。

（2）整地起垄 越冬茬栽培采取垄作。大小行种植，其中大行距 100cm，小行距 80cm。施肥分两步，先用底肥总量的 2/5 铺施地面，然后人工深翻两遍，把肥料与土充分混匀，剩余底肥普撒沟内。在沟内再浅翻把肥料与土拌匀，在沟内浇水，待可作业时再起。每条沟的上面扶起高 30cm，底宽 40cm 左右的大垄。同时，在 100cm 的大行间再扶起一个高 25cm 左右的小垄。

（三）定植

（1）定植时间 苗龄 30~40d，长有 4 叶 1 心开始定植，时间大约在 11 月上旬。

（2）定植地点 在两条相邻 80cm 的大垄之间插上稍稍隆起的

简易拱架，用一整块地膜或两块膜拼接覆盖其上，搭到两大垄的外侧，向下垂 15~20cm。

（3）定植密度　平均株距 40cm，前密后稀在膜上打洞开孔定植。每 100m 长温室栽植 1 300~1 400株。

（4）定植方法　定植宜选晴天上午进行，选取无病虫的健壮苗，定植时一级苗在行的北头，二级苗在行的南头，以便生育期间植株受光均匀，长势一致，保证均衡增产。栽苗后浇足底水，待水下渗后埋土封口。缓苗后再浇一水，然后整平垄面，覆盖地膜并将苗子放出膜外。

五、定植后的管理

（一）温度管理

定植后以增温、保温为主。温度调控的主要措施是通过拉盖草帘、纸被和通风、放风、放气孔的大小及时间来加以控制。缓苗前温度宜高，要求白天保持在 25~30℃，夜间为 18~20℃。

缓苗后，温度适当降低，白天为 20~25℃，夜间为 12~15℃。坐瓜后温度可适当高些，白天为 25~28℃，夜间为 15℃左右，当温度超过 30℃时要通风，降到 20℃以下时闭棚，15℃左右时要放下草苫保温。

严冬到来之前，要求夜温降到 10~12℃或再略低些。对夜间保温性能差的温室，特别是短后坡温室，白天温度要达到 30~32℃。对保温性能好的温室，白天掌握在 25~28℃为宜。

严冬过后，要求白天 25~28℃，夜间 15℃左右，随着气温的回升，室外气温稳定通过 12℃以上时可昼夜通风，并注意防范寒流侵袭，这有利于保持茎叶生长旺盛和结瓜的正常进行。

（二）光照管理

整个生长期间，要创造条件，使之多见光，除适时早揭晚盖草苫外，还要经常清洁棚膜，矫正植株，摘除病老叶。在连续阴雪天气时要争取短时间的通风透光，当连阴骤晴时，要注意中午回帘遮阳。

（三）水分管理

（1）土壤水分　定植时浇透水。缓苗后，土壤干燥缺水，可顺沟浇一水。大行间进行中耕，以不伤根为度。待第一个瓜坐住，长有 10cm 左右时，可结合追肥浇第一次水。以后浇水"浇瓜不浇花"，一般 5~7d 浇一水。

严冬时节适当少浇水。一般 10~15d 浇一水。浇水一般在晴天上午进行，尽量膜下沟灌。

（2）空气湿度　要求空气相对湿度保持在 45%~55% 为好。严冬要控制地面水分蒸发。在空气湿度条件允许的情况下，在中午前后放一阵风。

（四）追肥

（1）土壤追肥　基肥充足的情况下，春节前追 2~3 次肥，入春宜多次追肥，一般 10~14d 追一次，要求肥与水配合，浇一次水，施 1 次冲肥。西葫芦需钾多，宜氮钾配合。冬季追氮肥以硝酸铵为好，每亩每次用 25~30kg。钾肥不易用氯化钾。春暖后，可将碳酸氢铵溶于水中灌入，注意施前施后通风。配合叶面喷肥和施二氧化碳气肥，以改善产品品质，提高产量。

（2）根外追肥　看苗进行根外追肥，生长势弱，叶色较深时，喷用 200 倍的尿素，坐瓜后喷用磷酸二氢钾混用、绿勃康或少量微量元素或稀土肥。低温寡照下喷红白糖或葡萄糖溶液。

（五）植株调整

1. 整枝吊蔓

西葫芦以主蔓结瓜为主，对叶蔓间萌生的侧芽应尽早打去。生长中的卷须应及早掐去。摘叶、打杈和掐卷顺宜选晴天上午进行。植株 4 叶 1 心时即可开始吊蔓。当田间植株将要封垄时（通常在第 2 瓜采摘后），再喷施 1 次 1 500 倍液的多效唑，以控制长势。叶片肥大、叶片数多、长势过旺、株间荫蔽时，可去掉下部老黄叶（应注意保留叶柄），保留上部 8~10 片新叶。整个开花结果期，应注意及时疏除植株上的化瓜、畸形瓜。若采用激素点花，还应摘除植株上的雄花。生长旺盛的植株上，单株选留 3 个瓜；长势偏弱的单株留 1 个瓜，疏除多余的幼瓜，以保证养分集中供应。

吊蔓时，每行上面扯一道南北向铁丝，铁丝尽量不拱架联结。每一株瓜秧用一根绳，绳下端用木桩固定到面上。随蔓生长，使绳和蔓互相缠绕在一起。茎蔓过长较高时，可通过放绳沉蔓的办法降低高度。

2. 植株更新

主蔓老化或生长不良时，可在打顶后选留 1~2 个侧枝，侧枝出现雌花后，将原来主蔓剪去，换用侧蔓代替主蔓。

3. 人工辅助授粉

西葫芦一般不能单性结实，在冬季和早春，大棚内基本没有传粉昆虫，必须进行人工授粉。一般在 8~11 时进行。另外，在冬季雄花较少，温度低时花粉少，需要利用激素处理防止落花落果。田间雄花充足时，可以进行人工雄花授粉。雄花不足时可采用浓度为 20~30mg/kg 的 2，4-D 中加入 0.1%~0.2% 的 50% 速克灵人工点花。点涂部位为幼瓜的瓜蒂周缘及花柱与花瓣的基部间。注意涂抹要均匀，且忌浓度过大或过小。

六、病虫害防治

西葫芦病害主要有病毒病、白粉病和霜霉病。温度高时可发生炭疽病；虫害主要有蚜虫、红蜘蛛等。

（一）葫芦常见病害的防治

1. 病毒病

发病症状　在西葫芦整个生育期均可发病，主要为害叶片和果实。发病时叶上有深绿色病斑，重病株上部叶片畸形、变小，后期叶片黄枯或死亡，病株结瓜少或不结瓜，瓜面呈瘤状突起或畸形。

发病规律 病毒病由黄瓜花叶病毒（CMV）或甜瓜花叶病毒（MMV）等多种病毒单独或复合侵染所致。由棉蚜、桃蚜或汁液接触传染。高温干旱有利于发病。田间管理粗放，杂草多或邻近越冬菠菜、早播芹菜、莴苣等种植田，发病早且病害重。缺水、缺肥，植株抵抗力低，发病也会加重。一般露地西葫芦发病重于保护地西葫芦，保护地秋茬西葫芦重于春茬西葫芦。高温、干旱导致病害严重发生。

防治方法

（1）农业防治 及时清洁田园，铲除杂草，培育壮苗。

（2）药剂防治 苗期喷施 83 增抗剂 100 倍液，提高幼苗对病毒的抗性；发病初期喷施 1.5%植病灵乳剂 1 000 倍液或 20%病毒 A 可湿性粉剂 500 倍液，隔 10d 喷 1 次，连喷 3 次。

2. 白粉病

发病症状 发病初期在叶面及幼茎上产生白色近圆形小病斑，而后向四周扩展成边缘不明晰的连片白病斑，严重时整个叶片布满白粉。发病后期菌丝老熟变为灰色，病斑上生出成堆的黄褐色小粒点，而后小粒点变黑。一般先从下部老叶发病，逐渐向上部叶片扩展。

发病规律 病菌以菌丝体、分生孢子及有性世代的闭囊壳随病残体遗留在表土或在寄生植物上越冬，成为第 2 年的初侵染源。生长期间病部产生的分生孢子随气流传播，进行多次侵染，此菌传播蔓延很快。白粉病病菌分生孢子在 10~30℃内部都能萌发，而以 20~25℃为最适宜，棚内湿度大，温度在 16~24℃时，发病较重或大发生。当偏施氮肥造成植株徒长，或枝叶过密，通风不良，光照不足和遇阴雨天气时，均易发生白粉病并造成流行。

防治方法 发病初期喷施 20%粉锈宁乳油 2 000 倍液和 75%百菌清 800 倍液。如病害蔓延或加重，可选用百菌清、多菌灵、甲基托布津等农药，混合配比成 800~1 000 倍液叶面喷施。

3. 灰霉病

发病症状 主要为害西葫芦的花和幼果，严重时为害叶、茎和较大的果实。发病初期花和幼果的顶部呈水浸状，随后逐渐软化，进而使果实脐部腐烂，表面密生灰色霉层。有时还会长出黑色菌核。叶片发病多以残花为发病中心，病斑不断扩展，形成大型近圆褐色病斑，表面附着灰褐色霉层。茎和叶柄染病后，常腐烂，易折断。

发病规律 病原为半知菌亚门葡萄孢菌。病原菌在病残体上越冬，也可在土壤中越冬，借气流传播。病菌喜高湿和低温条件，温度在18~23℃，相对湿度在90%以上，弱光，适宜发病。保护地栽培，冬春连阴天多，气温低，再加上密度大，通风透光不良，湿度大，发病较重。

防治方法

（1）农业防治　控制设施内湿度，可采用滴灌栽培或高畦地膜覆盖暗灌方式，加强通风透光排湿，及时清洁棚面尘土，增强光照强度；合理密植，防止徒长，适时摘除下部老叶、病残叶及花和果实；发病后及时摘除病花、病果、病叶，采收结束后彻底清除病残体并带出棚外深埋或烧掉。重病地块，在盛夏农闲时可深翻灌水。

（2）药剂防治　发病初期可喷洒50%速克灵可湿性粉剂2 000倍液或50%扑海因可湿性粉剂1 000~1 500倍液。也可在傍晚喷撒10%杀毒灵粉尘剂，每亩用药1kg，隔10d喷1次，连续喷3次。

4. 绵腐病

发病症状 病果呈椭圆形，有水浸状暗绿色病斑。在干燥条件下，病斑稍凹陷，扩展不快，仅皮下果肉变褐腐烂，表面生白霉。湿度大、气温高时，病斑迅速扩展，整个果实变褐软腐，表面布满白色霉层，致使瓜烂在田间。叶上初生暗绿色圆形或不规则形水浸状病斑，湿度大时病斑似开水煮过状。

发病规律 病原菌为瓜果腐霉真菌。病菌卵孢子借雨水或灌溉水传播，侵害果实。露地西葫芦夏季多雨季节易发病，地势低洼、地下水位高、雨后积水时病重。保护地西葫芦在灌水过多、放风排湿不及时、温度高时发病重。

防治方法

（1）农业防治 采用高垄栽培，提倡膜下浇水，避免大水漫灌。

（2）药剂防治 发病初期可以喷14%络氨铜水剂300倍液，或50%琥胶肥酸铜（DT）可湿性粉剂500倍液，或72.2%普力克水剂400倍液，或25%甲霜灵可湿性粉剂800倍液，要重点喷施植株下部果实和地面，隔10d喷1次，连喷2~3次。

5. 畸形瓜

发病症状 果实小，呈尖嘴状。

发生原因 ①植株生长发育不良；②坐果过多，造成营养缺乏；③不能正常授粉受精；④激素施用浓度过高或过低。

防治方法 增施农家肥，促使植株生长健壮；适当坐果，并及时采摘；保护地栽培应进行人工授粉，使用激素时应准确掌握浓度和使用时期。

（二）常见虫害的防治

1. 蚜虫

西葫芦的蚜虫为瓜蚜，又称腻虫或蜜虫等。

为害 以成蚜或若蚜群集于西葫芦叶背面、嫩茎、生长点和花上，用针状刺吸口器吸食植株的汁液，使细胞受到破坏，生长失去平衡，叶片向背面卷曲皱缩，心叶生长受限，严重时植株停止生长，甚至全株萎蔫枯死。蚜虫为害时排出大量水分和蜜露，滴落在下部叶片上，引起霉菌病发生，使叶片生理机能受到障碍，减少干物质的积累。

发生规律 蚜虫的繁殖力很强，1年能繁殖10~30个世代，世代重叠现象突出。当5d的平均气温稳定上升到12℃以上时，便开始繁殖。在气温较低的早春和晚秋，完成1个世代需10d，在夏季温暖条件下,只需 4~5d。它以卵在花椒树、石榴树等枝条上越冬,也可在保护地内以成虫越冬。气温为 16~22℃ 时最适宜蚜虫繁育,干旱或植株密度过大有利于蚜虫为害。

防治方法 在设施生产可用北京产杀瓜蚜 1 号烟剂,每亩 0.5kg,熏蒸一夜,早晨通风,防效达 98% 以上,效果最佳。

2. 白粉虱

白粉虱又名小白蛾,成虫体长 1.0~1.3mm,全身表面布满一层白色蜡粉,因而得名。

为害 成虫和若虫群居叶背面吸食汁液。成虫有趋嫩性,一般多集中栖息在西葫芦秧上部嫩叶,被害叶片干枯。白粉虱分泌蜜露落在叶面及果实表面,诱发煤污病,妨碍叶片光合作用和呼吸作用,以致叶片萎蔫,导致植株枯死。

发生规律 白粉虱繁殖速度快,温室内 1 年可完成 10 代,在温度 26℃ 条件下,完成 1 代约需 25d。白粉虱在露地不能越冬,冬季转入温室内继续繁殖,夏季又转入露地为害,8~9 月为害最严重。

防治方法

(1)农业措施 育苗前,彻底熏杀育苗温室残余虫口,铲除杂草残株,通风口安装纱窗,杜绝虫源迁移,培育无虫苗;温室定植前要进行熏蒸,温室大棚附近,秋季尽量避免种植瓜类、茄果类、豆类等白粉虱所喜爱的蔬菜,以减少白粉虱向温室迁移。

(2)物理防治 利用白粉虱对黄色有强烈趋向性的特点,在白粉虱发生初期将黄板悬挂在保护地内,上涂机油,置于行间植株的上方,诱杀成虫。

(3)药剂防治 在白粉虱低密度时及早喷药,每周 1 次,连续 3 次。可选用 25% 扑虱灵可湿性粉剂 1 500 倍液,25% 灭螨猛可湿性粉剂 1 000 倍液,2.5% 功夫菊酯乳油 2 000~3 000 倍液,2.5% 溴氰菊酯乳油 2 000~3 000 倍液,2.5% 灭王星乳油 2 000~3 000 倍液,20% 速灭丁乳油 2 000~3 000 倍液,均匀喷洒于叶背面。

3. 潜叶蝇

潜叶蝇又名潜蝇，分布广。

为害　幼虫潜食叶肉成一条条虫道，被害处仅留上下表皮。虫道内有黑色虫粪。严重时被害叶萎蔫枯死，影响西葫芦的产量。

发生规律　潜叶蝇一年发生数代，世代重叠现象严重，在温室内世代更加混乱。潜叶蝇一般在 4 月中下旬开始发生，5—10 月为发生盛期，为害严重。而影响其发生的主要因子是温度、湿度和食料。潜叶蝇幼虫发育期一般为 3~8d，虫龄分 3 龄，在 20℃下完成 1 代需 14d。成虫白天活动，羽化后 1~2d 开始交尾产卵。

（3）防治方法

（1）农业措施　果实采收后，清除植株残体沤肥或烧毁，深耕冬灌，减少越冬虫口基数。农家肥要充分发酵腐熟，以免招引种蝇产卵。

（2）药剂防治　产卵盛期和孵化初期是药剂防治适期，应及时喷药。可采用 40%乐果或 90%敌百虫或 25%亚胺硫磷乳油 1 000 倍液，或拟菊酯类农药 2 000~3 000 倍液等，或成喹磷乳油 1 000 倍液防治。

七、采收

西葫芦以采收嫩瓜为主，在适当条件下，谢花后 10~12d 根瓜长至 250g 左右及时采收。采收时间以早上揭帘后为宜。采摘时注意轻摘轻放，避免损伤嫩皮。采摘后逐个用纸或膜袋包装，及时上市销售。

第三节　苦　瓜

一、苦瓜对保护地环境条件的适应性

（一）温度

苦瓜源于热带，喜温，耐热不耐寒，生长发育要求较高温度。其种子发芽的适宜温度为 30~35℃，在 20℃时发芽慢，13℃以下发芽困难。幼苗生长温度为 20~25℃，15℃ 以下生长缓慢。能忍耐 10℃ 以下低温，在 10℃ 以下也能缓慢生长，但生长不良。开花结果期适宜温度为 20~30℃，可以忍耐 30℃ 以上高温，即使在高温季节也能繁茂生长。而在生长后期，当温度低于 10℃ 时还可以继续采收嫩果，温度降到 5℃ 以下则受寒害。

（二）光照

苦瓜属于短日作物，短日照处理可以减少胸花的发生，增加雌花数量。苦瓜极喜光，不耐阴。开花结果需要较强的光照，充足的光照有利于提高坐果率。光照不足或引起落花落果。

（三）水分

苦瓜对土壤湿度和空气湿度要求较高，喜湿怕涝。一般要求土壤含水量在 80%~85%，空气相对湿度在 70%~80% 为适宜。湿度过大则生长不良，也易引发病害。

（四）营养与土壤

苦瓜对土壤适应性广，但以有机质含量丰富的黏壤土最适宜栽培。苦瓜较耐肥、怕瘠，一般每生产 1 000 kg 黄瓜，需要氮 13.1kg、磷 2.07kg、钾 17.0kg，因此进入旺盛生长期应供应充足的肥料，才能高产。

二、栽培技术

（一）日光温室越冬茬苦瓜栽培

越冬茬苦瓜栽培是在 9 月播种培育嫁接苗，10 月中下旬定植于温室，12 月初开始采收，一直可以供应到翌年 7 月。这一茬栽培时间长，产量高，一般每 667m² 产量为 4 000 kg 以上，效益较高。

越冬茬苦瓜栽培，对温室的保温性能和采光要求较高，其栽培成功的关键在温室的采光和保温性能要高，选择适宜的品种，采用嫁接育苗，增施有机肥，高垄覆膜栽培，适时浇灌，综合防病等一系列综合技术的支撑下发展起来的。

1. 选择适宜品种

越冬茬栽培由于生长期长，生育期间需要经历较长时间的低温、弱光，因此必须选择耐低温、弱光的品种，并且具有长势强，不易早衰，雌花节位地，雌花率高，品质好、外观美的特性。如大顶苦瓜、疙瘩绿苦瓜、滨城苦瓜、湘丰 2 号、东方清秀等。

2. 培育嫁接苗

嫁接砧木选择耐低温，抗性强，适应性广的黑籽南瓜为宜。采用靠接法、插接法或者劈接法均可，嫁接成活后，采用大温差育苗，白天为 30~35℃，夜间保持 10℃ 左右，阴雨天白天为 20℃，夜间不低于 8℃ 即可。苗龄 35~40d。

3. 定植

（1）精细整地，足施底肥 足施底肥是增产的基础，要求每 667m² 施用腐熟的有机肥不少于 10m³，硫酸钾 50kg，过磷酸钙 100kg，深翻 25~30cm，做小高畦。

（2）定植时期、方法和密度 越冬茬一般在 10 月中下旬定植，每 667m² 栽苗 2 000~2 500 株。大小行栽培，大行距为 100cm，小行距为 60cm，株距为 33~35cm。定植时选择晴天，最好是在上午进行，定植深度以超过原土坨 2~3cm 为宜。

4. 定植后的管理

（1）温度管理 苦瓜对温度要求高，长期低温必然影响生长发育。一般白天气温保持在 30±2℃ 为宜，超过 33℃ 放风，下午气温降至 20~22℃ 时关闭风口。夜间保持以 14~15℃ 为宜。阴天比晴好天气温度管理低 8~10℃。当室内温度降至 8℃ 左右时，应及时启用加温设备来补充温度，防止寒害或冻害发生。当外界温度稳定在 15℃ 以上时，可以昼夜通风。

（2）光照管理 在结果期，如果光照强，光照时间长，苦瓜就结瓜多，化瓜少，瓜条美观，产量也高。连续阴雨天气，长时间处在弱光环境，苦瓜坐瓜率降低，化瓜严重，影响产量。为了延长光照时间，增强光照强度，在寒冷季节，应在保证温度的前提下尽量早揭晚盖草苫；并每周清洁一次棚膜，防治灰尘污染影响透光率；在阴雨雪天气以及极度低温天气，也要在中午揭开草苫，进行短时间的弱光照射。有条件的地区可以进行人工补光。

（3）湿度管理　越冬栽培苦瓜，有很长时间处在低温寡照环境，此时，空气湿度很大，病害较易发生，应及时进行通风排湿，以减轻病害的发生。

（4）水肥管理　生长前期由于生长量小，需水肥也少，一般保持地表见干见湿为宜，当缺水时，浇小水即可。进入结瓜期，需水肥量开始逐渐地增多，是增施水肥的主要时期，一般每 $10\sim15d$ 追肥一次，每次追肥硫酸铵 $15kg/667m^2$ 或者氮磷钾复合肥（N：P：K = 15：15：15）$25kg/667m^2$。或者顺水冲施发酵好的鸡粪 $0.2\sim0.3m^3/667m^2$。效果也很好。

（5）整枝搭架绑蔓　苦瓜甩蔓后及时搭架，一般搭篱架为好，可以使用竹竿做架，也可以采用吊架。一般当瓜秧长至 30cm 后开始搭架，以后每长 $4\sim5$ 片叶绑蔓一次。结合搭架绑蔓及时整枝，一般每株留 $2\sim3$ 个侧枝，其余全部摘除，在生长的后期一般不再整枝，瓜秧就放任生长了。生长的中后期，应把植株基部的黄叶、老叶及时摘除，以利于通风透光，减轻病害的发生。

（6）人工辅助授粉　人工辅助授粉可以大幅提高坐果率，促进果实发育。温室内昆虫少，必须进行辅助授粉，一般在上午 7—8 时采下当日开放的雄花，除去花冠，将花药均匀地涂抹在雌花柱头上即可。

5. 采收

为了保证苦瓜的质量，提高产量，应及时采收。一般适宜的采收时间为开花后 $12\sim15d$，此时，苦瓜体积已经接近最大，但是瓜内种子刚刚开始发育，还没有形成种皮，此时采收最适宜。苦瓜果实采收的标准为：青皮苦瓜果皮上的条纹和瘤突已经迅速膨大表现明显，果实饱满，有光泽；白皮苦瓜除具上述特征外，其果实的前半部分由绿变为白色，表面光亮。采收过早，产量低，采收过晚，品质差。

（二）大棚春提前苦瓜栽培技术

苦瓜虽然喜温暖，不耐寒，但是经过适当的锻炼，其适应性也是很强的，大棚苦瓜栽培和黄瓜一样，有两个茬口，一是春提前，一是秋延后，但是以春提前为主。秋延后面积较少。在华北地区，春提前栽培苦瓜一般在2月上中旬播种，培育大苗定植，5月中下旬开始上市，7月中下旬拉秧。其栽培主要技术如下。

1. 选择适宜品种

春季早熟栽培宜选择早熟、抗病、耐低温、长势强健、高产的品种。如蓝山长白苦瓜、广汉长苦瓜、株洲长白苦瓜、东方清秀、广西大肉1号、湘丰4号等。

2. 培育壮苗

利用日光温室、火床或电热温床育苗，保证育苗环境的温度，特别是苗床温度，在出土前应保证在28~30℃，出土后适当降温，白天保持在25~28℃，夜间保持在13~15℃，促进花芽分化，防止幼苗徒长。定植前7~10d，通风降温炼苗，白天20~25℃，夜间温度可以降至8~10℃提高幼苗的适应性。

3. 定植

（1）提前扣膜，烤地增温　大棚春提前栽培，为了尽早满足适宜定植的条件，应提前扣棚烤地增温，选择冷尾暖头的晴天无风上午进行。一般提前20~30d。

（2）精细整地，足施底肥　土壤完全化冻后，精细整地，深翻30cm左右，结合深翻足施底肥，每667m² 施腐熟农家肥4 000~5 000kg，过磷酸钙100kg，硫酸钾30kg。做小高畦，大小行栽培，大行80cm，小行60cm，畦上覆盖地膜。

（3）定植

①定植期确定：定植期以棚内地温为准，一般当10cm地温稳定在12℃以上，气温稳定5℃以上时，为适宜的定植期。

②定植密度：春提前栽培生长期短，长势强，定植密度不宜太大，若大小行栽培，大行80cm、小行60cm、株距40cm为宜，每667m²定植2 000~2 200株为宜。

③定植要求：早春定植，外界气温较低，宜采用"暗水"定植，这样有利于提高地温，缩短缓苗期。缓苗后，视天气浇缓苗水。

4. 定植后的管理

（1）温度 定植后，关闭所有放风口，保温保湿，促进缓苗。缓苗后，通风降温，白天20~30℃，夜间尽量保持棚温在15℃以上。进入4月后，白天注意通风降温，防止烤苗，超过30℃则放风，晚上注意保温防止晚霜危害。进入5月后，在华北地区外界气温基本稳定在10℃以上，经过一周通风炼苗后，可以撤掉棚膜。也可以不撤膜，一直到结束，这样可以避免灰尘对瓜条的危害，也有利于虫害的防治。

（2）肥水管理 暗水定植缓苗后，应视天气及时浇缓苗水，之后不旱不浇水。结瓜期是需水量最大的时期，应及时浇灌，一般7~10d浇一次。结合灌水，进行追肥，一般每隔一水追肥一次，每667m²每次追硫酸铵20~25g，或尿素15~20kg，结果盛期应追施2~3次磷肥，每次追施过磷酸钙15~20kg。另外，每7~10d喷施1次0.2%尿素和0.3%磷酸二氢钾混合液。

（3）植株调整人工授粉 在甩蔓后及时搭架、绑蔓、整枝打杈，方法同温室秋冬茬栽培。大棚苦瓜开花结果期正处于气温比较低的季节，昆虫活动少，传粉困难，因此为了增加产量，保证苦瓜的品质常常需要进行人工授粉。

5. 采收

一般开花后12~15d，苦瓜果实充分膨大，果皮有光泽，瘤状突起变粗，纵沟变浅并有光泽，尖端变平滑，此时即可采收。

第四节　丝　瓜

一、丝瓜对保护地环境条件的适应性

1. 温度

丝瓜种子发芽的最适温度为 20~25℃。植株生长发育的适宜温度白天是 25~28℃，晚上是 16~18℃。

2. 光照

丝瓜属短日照作物，耐阴，日照时数不超过 12 个小时，有利于花芽分化。抽蔓期后较长的日照有利于茎叶生长和开花坐瓜。

3. 水分

丝瓜喜湿、耐涝，生长期间要求较高的土壤湿度。

4. 土壤与营养

丝瓜适应性较强，在各种土壤都可栽培，但以土质疏松、有机质含量高、通气性良好的壤土和黏质壤土栽培最好。丝瓜喜欢高肥力的土壤和较高的施肥量，特别是开花结瓜期对氮、磷、钾肥尤其对磷钾肥要求更多。

二、栽培技术

（一）日光节能温室丝瓜冬茬栽培技术

丝瓜是深受人们喜食的一种优质蔬菜。近几年来，人们利用冬暖型大棚进行高密度反季节栽培，不仅产量大幅度提高，而且效益十分可观，每 667m² 产量可达 50 000kg 以上，667m² 收入达 4 万~5 万元。堪称为高产优质高效栽培的典范。

1. 品种选择

越冬茬温室栽培的环境，较长时间处在低温环境，因此，对品种要求耐阴耐低温性好、早熟、抗病、丰产、短瓜型、瓜不易老且对光不敏感的类型。生产中常用的普通品种有四川的线丝瓜、南京长丝瓜、武汉白玉霜丝瓜、夏棠一号丝瓜；有济南棱丝瓜、北京棒丝瓜等。

2. 育苗

（1）适期播种　以元旦或春节开始大量上市为目标进行的越冬丝瓜栽培，其适宜的播期为 9 月中下旬，中晚熟品种 9 月初播种。

（2）浸种催芽　每栽培 667m² 需种子 0.5~0.75kg。丝瓜种皮较厚，播前应先进行浸种催芽。将种子放入 60℃ 的热水中，不断搅拌，浸种 20~30 分钟，捞出搓洗干净，放入 30℃ 左右的温水中浸泡 3~4 小时，晾干后在 28~30℃ 下催芽，1~2d 后 60%~70% 种子出芽后即可播种。

（3）播种　播前先将营养钵或苗床浇透底水，水渗后播种，盖土 1.5~2cm。

（4）苗床管理　播种后苗床白天温度控制在 25~32℃，夜间 16~20℃，出苗后白天温度控制在 23~28℃，夜温 13~18℃，丝瓜属短日照植物，苗期在苗床上搭小拱棚遮光，使每天光照时间保持 8~9 小时，以促进雌花分化。丝瓜苗龄 30~35d，幼苗 2~3 片真叶时即可定植。

此外，丝瓜也可以利用黑籽南瓜做砧木进行嫁接栽培，可以增强丝瓜长势，提高产量，延长采收时间，同时，抗病性也会提高。

3. 定植

（1）整地施肥　定植前深翻土壤，一般深度为 30~40cm，并结合整地每亩撒施充分腐熟的有机肥 5 000~6 000kg，磷酸二铵 30kg、钾肥 40kg，随翻地将肥料施入耕作层中。

（2）做畦及定植　大小行栽培，按大行距 80~90cm、小行距 60~70cm 起垄盖地膜定植。株距 35~40cm，每亩栽 2 500~3 000 株。当地力肥沃时，适当稀植，地力较薄时适当密植。定植时先在每个定植穴内施入腐熟饼肥 50g，并使饼肥与土混合均匀，再栽苗，深度为超过土坨 2~3cm 为宜。定植结束后浇透定植水。

4. 定植后的管理

（1）结瓜前管理　定植后，注意保温，白天控温 28~32℃，促进缓苗。缓苗后中耕垄沟，培土保墒，提高地温，促进根系发育。缓苗至开花前，白天控温 20~25℃，夜温 12~18℃，防止徒长；此间株体较小，需肥水较少，一般不旱不浇水，一般追肥。

（2）结瓜期管理　①结瓜前期：丝瓜定植后，一般在元旦前后即可上市，一直到 2 月，这段时间内，气温低，瓜秧生长较慢，果实产量也较低，管理上以保温防寒为主，因此，浇水追肥次数也较少。一般每采收 2 次嫩瓜浇 1 次水，并随水每 667m² 冲施腐熟人粪尿 500kg 或尿素 15kg。

②结瓜盛期：3—5 月是丝瓜生长最为旺盛的时期，瓜秧生长旺盛，果实发育速度快，采收密度增加，应加强管理。一般每 7~10d 浇 1 次水，并每隔一水冲施氮磷钾复合肥 20~25kg，或追施腐熟并无害化处理的人粪尿 300~500kg/667m²；此期温度管理，白天控温在 28~30℃，夜间控制在 15~17℃，以利于果实的发育。当外界的气温稳定在 15℃时，不再关闭放风口，进行昼夜通风。

③结瓜后期：6 月中下旬以后，瓜秧进入生长后期，茎叶生长变慢，中下部叶片变黄脱落，果实数量减少，此期管理的重点是瓜秧复壮，以延长采收时间。一般每 5~7d 浇 1 次水并冲施尿素 15kg，配合以磷肥、钾肥。

（3）搭架整枝　瓜蔓长至 30~50cm 时，搭架整枝。可顺行向固定好吊蔓铁丝，在吊蔓铁丝上按株距拴尼龙绳，并将蔓及时绑于吊蔓绳上。也可以使用直径 1.5cm 左右的竹竿搭架，架式为篱架。采用"S"形绑蔓。在早期，为保持主蔓生长优势，不留侧蔓，结瓜中后期，可让生长良好的侧蔓结 2~3 条瓜后再摘除，当主蔓长至铁丝上方后及时落蔓，或者主蔓摘心，利用下部生长健壮的侧蔓代替主蔓继续结瓜。

（4）保花保果　越冬丝瓜栽培期间，外界气温低，昆虫少，自然授粉率低，自然坐瓜少，因此需要人工辅助授粉，一般在每天

9—11 时进行，方法是选择当天盛开的雄花，去掉花冠，将花粉均匀地涂抹于雌花柱头上，前期如无雄花，可用 40～50mg/L 的 2，4-D 溶液点花促进坐瓜，效果良好。

（5）改善设施内光照　冬季天气寒冷，为了保温，草苫常常晚揭早盖，使得设施内光照时间短，这是前期产量低，结瓜少的重要原因。为了提高早期产量，应加强光照管理，改善设施内弱光状况，例如，使用新的无滴膜，间隔一定时间就清洁一次棚膜，在温室的后墙上挂反光幕，合理密度，及时进行植株调整等。总之，在寒冷季节，在保证温度的前提下，应早揭晚盖草苫。

5. 采收

丝瓜以嫩瓜食用，所以采收适期比较严格，一般花后 10～12d 即可采收嫩瓜。生产上以果梗光滑、果实稍变色、茸毛减少及果皮手触有柔软感，果面有光泽时即可收获。采收时间宜在早晨，带果柄一起剪下，每 1～2d 采收一次。

（二）大棚丝瓜春早熟栽培技术

丝瓜春早熟栽培一般在 2 月中下旬播种，3 月中下旬定植，7—8 月结束。它生产周期较长，病害较少，产量高，经济效益可观。

1. 培育壮苗

春早熟栽培育苗可以在阳畦、温室、温床等设施内进行。苗龄一般 30～35d，3～4 片真叶。具体的育苗管理措施参考温室越冬茬栽培。定植前 7～10d 通风降温炼苗，白天控温 20～25℃，晚上控温 8～10℃，短时间 5～6℃低温也无大碍。

2. 定植

（1）定植期确定　当棚内气温稳定在 5℃以上，10cm 处地温稳定在 15℃以上时，是安全的定植期，在华北地区，一般在 3 月下旬定植，加盖地膜拱棚时，可提早 7～10d 定植。

（2）整地施肥做畦　大棚春早熟栽培，应提前扣棚烤地增温，一般提前 20d 以上，当土壤完全化冻后，及时整地，深翻土壤，结合深翻每 667m² 施充分腐熟有机肥 4 000~5 000kg，以及硫酸钾 30~40kg 和过磷酸钙 100~150kg，氮磷钾复合肥 50~100kg，均匀撒于地表，深翻入土，肥料与土掺匀。土地整平后，做小高畦，覆盖地膜，畦面宽 90~110cm，沟宽为 30~40cm，畦高 10~15cm，定植间距要求 35~40cm，每 667m² 定植 2 500~3 000株。

（3）定植　选择晴天的上午定植，采用"暗水"法定植，每穴一株，定植深度为没过土坨 2~3cm，用细土把定植穴地膜孔封严。

4. 管理

（1）温湿度管理　定植后保温保湿，促进缓苗，白天温度为 28~32℃，晚上尽可能温度为 16~18℃；缓苗后，适当降温，防止徒长，白天 20~25℃，夜间 13~15℃，及时通风排湿，防止病害的发生；第一条瓜坐住后，棚温可以适当提高，白天为 26~30℃，超过 32℃通风降温，并且加大通风量，降低棚内空气湿度，减轻病害。当外界气温稳定在 15℃以上时，可以昼夜通风炼苗，7~10d 后，撤掉棚膜（也可以不撤，直到栽培结束）。

（2）水肥管理　缓苗后，选择连续晴好天气的上午，浇一次缓苗水，水量可以大些，如果底肥不足时，可以追施一次肥，每 667m² 施尿素 10~15kg；第一条挂坐住后开始加强肥水，促进果实的发育。一般 7~10d 浇水一次，每隔一次水追肥一次，每次追施尿素 15~20kg，或氮磷钾复合肥 25~30kg，在生长的中后期应配合磷肥、钾肥，以促进果实的发育和品质的提高。

（3）整理植株　丝瓜秧生长很旺盛，定植后要及时做好整枝搭架工作。可以用竹竿插篱架，也可以采用吊架，每株一根架杆或吊绳，要求架面要牢固，防止架面倒伏。一般采用单蔓整枝。及时绑蔓，每 4~5 片叶绑蔓一次。当秧蔓爬蔓架面后，及时摘心，防止秧蔓乱爬扰乱架面，影响通风透光。

（4）保花保果　大棚栽培由于棚膜阻隔以及早期气温低，棚内昆虫活动较少，需要人工辅助授粉来保花保果，具体做法是：一般在上午 8 时左右，露水干后，采集新鲜开放的雄花，将花粉均匀抹在当天开放的雌花柱头上即可。也可以使用 2，4-D 处理，方法同温室越冬茬栽培。

5. 适时采收

丝瓜以嫩瓜食用，所以要适时采收，过早产量低，过晚丝瓜果实老化，纤维含量高，品质下降。一般花后 10~12d 采收为宜。采收时间宜在早晨，每 1~2d 采收一次。

第六章 叶类蔬菜生产技术

叶类蔬菜种类很多，主要包括韭菜、葱、白菜、甘蓝、菠菜、芹菜、木耳菜和空心菜等。

第一节 韭 菜

韭菜是百合科葱属多年生宿根蔬菜，起源于我国，分布广泛，在全国各地都有栽培，目前我国北方设施栽培非常普遍。低纬度地区多用造价低廉的小拱棚栽培，高纬度地区和高寒地区多用日光温室栽培。

一、韭菜的生物学特性与设施生产

1. 温度

韭菜属于耐寒而适应性广的蔬菜。叶片能忍受-4~-5℃的低温，在-6~-7℃时叶片才开始枯萎。生长适温为12~24℃，露地栽培时25℃以上生长变慢，但在设施内由于湿度较大，在28℃以下生长均较快，质量较好。

韭菜的不同生育时期对温度要求不同，种子发芽期适宜温度为15~18℃，幼苗期要求12~28℃，第一次采收的韭菜温度控制在23℃以下，以后每刀后可以提高温度3℃。

昼夜温差过大，韭菜叶面容易结露，易产生病害。昼夜温差可以控制在10℃左右。

2. 光照

韭菜在发棵养根时需要较充足的光照,要求光照强度在 2 万~4 万 lx,但在叶片生长的产品形成期喜弱光的条件。所以韭菜在发棵养根时在春夏光照强的季节露地生长,在叶片生长的产品形成期在设施内弱光的条件下生长,是非常适合设施栽培的蔬菜种类。

3. 水分

韭菜属较喜湿类蔬菜。发芽期和幼苗期必须保持苗床地面湿润,发棵生长时要求土壤见干见湿,韭菜在旺盛生长时更需要充足的水分,要求土壤湿度80%~95%,空气湿度为60%~70%。

4. 土壤

韭菜对土壤的适应性强,但为了提高产量,宜选择在耕层深厚、富含有机质、保肥保水能力强、疏松透气的壤土。韭菜成株对盐碱有一定的忍受能力,含盐量在0.25%以下时生长正常。所以盐碱地应在育苗时配制营养土,保持中性或轻盐的环境。

5. 营养

韭菜喜肥,耐肥性强。优质的有机肥是韭菜丰产的重要条件。生产中除定期施用氮肥外,还应补充磷肥和钾肥,同时每年施用一次铜、硼、镁、硫等微量元素肥料。促进韭菜健壮生长。

6. 气体

韭菜生产中要大量施用有机肥和氮肥,在施用不当或施入未腐熟的有机肥时,会产生有害气体。受害较轻时叶片叶缘变黄变白,尖端干枯,受害较重时,整株枯萎。一旦发现设施内的有害气体应及时通风换气,排出有害气体。

二、栽培季节及茬口安排

韭菜是葱蒜类蔬菜设施栽培中最广泛的一种,品种类型多,设施栽培形式多。主要有风障、小拱棚、塑料大棚和日光温室。其茬口安排见表6-1。

表6-1　韭菜茬口安排一览表

栽培茬口	设施类型	扣膜时间	产品形成期
春早熟	风障、塑料大棚	2月上中旬	4月上旬、3月中下旬
冬春茬	阳畦	12月中下旬	2月上旬
越冬茬	中小棚日光温室	12月中下旬、11月下旬至12月上旬	2月上旬、12月下旬
秋延后栽培	日光温室、塑料大棚	10月中下旬、10月中旬	11月下旬

三、韭菜设施生产的品种的选择

韭菜设施生产要求选择耐高温、高湿，同时应选择分蘖力强、生长速度快而又不易倒伏的品种。主要品种有：陕西汉中冬韭、大金钩韭、河南791、山东寿光独根红等品种。

四、小拱棚生产技术

1. 场地选择

大面积设施栽培韭菜时，建棚地址应选择交通便利、背风向阳、地势高燥（利于冬季保温）、土质肥沃、无盐碱性、排灌方便、场地开阔无大树遮阴的地方。

2. 简易小拱棚的规格与建造

（1）简易小拱棚的规格　跨度2m，长30~40m，中间高0.8~1.0m，东西走向，两个小拱棚中间留50cm作为走道或排水沟。

（2）简易小拱棚的建造　扣膜时，用直径2~3cm竹子或宽3~5cm的竹片作成拱形骨架，两端插入菜畦两侧的土中，间隔0.6~0.8m，插好骨架后，上面直接覆盖一层聚乙烯塑料无滴膜，四周卷入土中固定。准备好草苫，冬季寒冷时，覆盖保温防寒。

3. 栽培技术

（1）品种选择　采用简易小拱棚设施生产，宜选用发棵早、片肥厚、直立性好、分蘖力强、休眠期短、抗逆力强、耐低温的高产品种。一般可采用河南 791 和寿光独根红等品种。

（2）培育壮苗

①浸种催芽：韭菜大面积栽培时多采用播种法育苗，为促进早发芽，一般采用浸种催芽技术。首先用水温 40℃ 左右的温水浸种 24 小时，去除瘪籽，搓洗 3~4 次（洗去种子表面的黏液）后用清水冲洗 2~3 次，然后滤净水分用湿布包起来，置于 15~20℃ 环境下催芽，每小时翻动 2 次，48 小时用清水冲洗 1 次，3~5d 后即可萌芽。

②整地施肥：韭菜是喜肥的蔬菜种类，耕地时必须施足基肥，基肥应以磷肥和腐熟的优质厩肥为主。氮肥如果过多，韭菜容易徒长、倒伏。一般在冬前深翻 25~30cm，结合翻地每亩施入 4 000~5 000kg 的优质厩肥；在接近播种时，再浅耕一次，结合耕地每亩施入过磷酸钙 50kg，尿素 18.5kg，耕后细耙，整平做畦。

③播种技术：韭菜播种时期一般以地温稳定在 12℃ 左右，一般在 4 月中下旬（谷雨前后）播种。播种采用南北向条播法，沟深 13~15cm，沟宽 9cm，沟距 35~40cm。播后覆细土 1cm，不宜过厚，否则不宜出苗，覆土后轻微镇压，然后浇透水。

④播后管理技术：播种后 2d 内立即喷洒除草剂，预防韭菜田内的苗期杂草，一般每亩喷洒 35% 的除草通 100~150g 或 48% 的地乐胺 200g。韭菜出苗前不进行田间管理措施，以免破坏除草剂形成的药膜。韭菜出苗后，3~5d 浇水 1 次并遮阴保湿，在第三片真叶时灌大水及时疏密补稀进行匀苗。达到苗全、苗匀、苗壮的目的。

（3）扣膜前的管理技术　韭菜扣膜期间的生长主要是依赖于冬前贮藏到根茎和鳞茎里的养分，因此，养好韭根是韭菜设施生产丰产丰收的关键，促进韭菜健壮生长和适时把养分回流到根部是扣膜前田间管理的重点。

①合理施肥：韭菜苗出齐后，及时追施催苗肥（每亩随水冲施 500kg 人粪尿）；在 8 月初和 9 月初，韭菜旺盛生长和积累养分

的关键时期，每亩追施 2 000kg 人粪尿或腐熟的饼肥 150~200kg 和过磷酸钙 100kg，以促进韭菜健壮生长。

②水分管理：韭菜属于半喜湿类蔬菜，比较耐干旱。雨季必须及时排除田间积水。秋季雨水减少后，9 月每隔 7d 左右浇水 1 次，10 月逐步减少浇水量，掌握见干见湿，不旱不浇的原则。

③防止倒伏，改善通风透光条件：韭菜生长旺季，如果水肥管理不当，极易造成倒伏现象，若倒伏后不及时处理，会造成下部叶片黄化、腐烂，滋生病虫害。为防止倒伏造成的危害，首先要严格田间水肥管理措施，根据田间实际情况灵活掌握施肥和浇水的时期和用量，确保韭菜健壮生长。其次，如果发生倒伏要及时采取措施，春季倒伏后可适当割去上部 1/3~1/2 的叶片以增加株间光照，使其恢复直立性。秋季倒伏后禁止刀割，可采取设立支架扶持或隔天翻动的方法改善田间通风透光条件。

④及时掐去花蕾，节约养分：韭菜花蕾的生长开花要消耗掉很多养分，严重影响到营养物质的积累。在秋季花薹抽出时，及时掐除，以保证营养物质充足的积累。

⑤防治根蛆，保护根茎的生长：根茎是韭菜贮藏营养的主要器官，而根蛆是为害根茎的主要害虫，所以加强根蛆的防治尤为重要。根蛆的为害主要在春末夏初和秋季的 9 月上旬（白露前后）两个时期，防治措施主要是药剂灌根防治，多采用 90% 的敌百虫 800 倍液灌根或每亩 10kg 草木灰条施进行防治。

（4）扣膜时的管理技术　对于不需回青的韭菜，扣膜前应施足底肥，浇足水，保证扣膜后有充足的水肥供应。并在扣膜前 5~10d，高割一茬。以改善通风透光条件。对于需回青的韭菜，在全部回根后（地上部全部枯萎）土壤封冻前，灌足封冻水，造足底墒；清除残茎枯叶，保持菜田洁净，如有残茎也应刮掉并全部清扫干净。清扫干净后，盖一层充分腐熟的优质马粪或土杂肥，用量以 50kg 施 20m² 为宜，以利于提高低温和供应养分。

（5）扣膜后的管理技术

①温度管理：扣膜时间一般在距收割 50~55d 时进行，初扣膜时一定不要扣严，以防止白天温度提升过高，昼夜温差过大，可采取昼揭夜盖的方法控制昼夜温差，待天气渐渐冷下来时再减少通风。一般第一刀韭菜生长期间，白天小拱棚内温度控制在 17~23℃，尽量不超过 24℃，不允许有 2~3 小时超过 25℃，以后每刀棚内温度可比上刀提高 2~3℃，但不要超过 30℃；第一刀韭菜生长期间夜间温度控制在 10~13℃，昼夜温差控制在 10~15℃ 范围内，以后每刀的夜间温度随白天温度的提高而提高。

②水分管理与湿度调节：扣膜前已经浇过水的，土壤水分能够满足第一刀韭菜的萌发和生长需要，扣膜后一般不浇水。在收割前一周可浇一次增产水，浇水后应加大通风，避免湿度过大，叶片结露引发病虫害。收割后 3~5d 不通风以提温保湿。上刀韭菜收割后至本刀韭菜长到 6~8cm 高以前，由于伤口尚未完全愈合不能浇水。以后当发现韭菜生长减慢时，可适当浇水，注意浇水在晴天的中午进行，浇水后及时通风排湿。韭菜叶片肥嫩，叶片生长期间小拱棚内湿度应控制在 75%~85%，湿度过大，叶片结露易引发病虫害。

③土壤管理：当韭菜萌发露尖后，进行第一次培土，株高 3~4cm 时进行第二次培土，株高 10cm 时进行第三次培土，株高 15cm 时进行第四次培土；培土一般结合松土进行，每次从行间取土培到韭菜根部形成 2~3cm 高的土垄，四次培土后形成 10cm 左右高的小高垄。通过培土可以达到四个方面的功能：对假茎起到软化作用，提高韭菜的质量。垄沟相间便于浇水管理；提高地温，促进生长；把株型开张的植株叶片拢到垄中央，改善行间通风透光。

④施肥管理：在施足基肥的基础上，追肥不宜过早。为促进本刀韭菜和下刀韭菜的生长，结合浇增产水每亩施入 15~20kg 的复合肥。注意忌用铵态肥，以免造成氨害。在韭菜叶片生长期间，可喷施一些激素和微肥进一步提高韭菜叶片的产量和质量。

五、日光温室韭菜生产管理技术

（一）培养根株

根株要求健壮。为此，一般应选择 3～5 年生的韭菜地块，除加强水肥管理外，要及时摘除花薹并应控制收割次数。注意清除杂草烂叶，灌施一次腐熟人粪尿并覆盖一层土粪，灌一次冻水。

（二）适时扣棚

对于休眠期较长的深冬性北方韭菜品种须待地上部枯萎以后才能扣棚生长，一般扣棚时间在 11 月上中旬。但对于休眠期较早而短的浅冬性南方品种如河南 791、杭州雪韭等，地上部枯萎前后均可扣棚，即可提前 10d 左右（10 月底）先割一刀韭菜，再扣棚。扣棚之前，要浇足冬水，施一次蒙头肥，清除残茎枯叶。

（三）控温调湿

韭菜生长适温为 12～24℃，15～18℃ 最适，室内相对湿度 60%～70% 为宜，湿度大，易烂叶、湿度小，品质差。在清茬或收割后温度可以提高 2～3℃，达到 25～28℃，促进早发；韭叶出土后严格控温，白天为 17～24℃，夜间为 8～10℃，不低于 5℃；收割前 3～5d，再适当降温 2～3℃，以提高产品质量，割后也不易发蔫。在高温、高湿、弱光条件下，质量无明显下降。但温度超过 35℃，低湿缺水时产品质量下降。因此，要注意通风换气，适当早揭晚盖草苫。

（四）浇水施肥

韭菜喜湿耐肥，因此扣棚以后生长期间，浇水不宜过多。关键是在收割前 5～7d 浇水，这样既能提高产量，又可为下刀韭菜生长创造良好的条件（割后浇水容易烂茬）。结合浇水适量追施化肥，施肥量过大，易造成肥害。水肥的管理还要与根茎培土相结合，当韭菜开始生长，株高 8～10cm 时，进行第 1 次培土，株高 15～20cm 时，进行第 2 次培土以不埋没韭叶分杈处为宜，第一刀韭菜收获后,再扒土亮茬促进早发,同时开沟亩追施尿素20kg。第二茬韭菜生长期间,还应进行两次培土,其培土方法及追肥量与第一茬韭菜相同,但灌水应根据天气预报在天晴时,上午浇水为最佳时间,每次水量不宜过大。

六、收割采收

一般株高30cm即可收割,收割时的高度控制在鳞茎以上3~4cm处(即黄色叶鞘处);两刀之间的间隔以一个月为宜。一般收割3刀,收割时间宜在晴天上午进行,雨前和雨天不割。为获高产高效益,每次下刀宜浅,以免影响下茬长势。每茬收获后要注意追肥,灌水,中耕松土。

七、病虫害防治

韭菜生产中常见的病害主要是:韭菜灰霉病、韭菜疫病、韭菜枯萎病、韭菜锈病等;常见的虫害主要是根蛆、黄条跳钾等。

(一) 常见病害的防治

1. 韭菜灰霉病
是韭菜生产中最主要的病害。

症状 主要为害叶片。发病初期在叶上部散生白色至浅灰褐色小点,叶正面多于叶背面,由叶尖向下发生,病斑扩大后成梭形或椭圆形。潮湿时,病斑表面产生稀疏的霉层,收割后,从刀口处向下腐烂,初呈水渍状,后变绿色,病斑多呈半圆形或"V"字形,并向下延伸2~3cm,呈黄褐色,表面产生灰褐色或灰绿色霉层。距地面较近的叶片,呈水渍状深绿色软腐。

发病规律 病菌主要以菌核在土壤中的病残体上越夏,秋末冬初扣膜后,菌丝温湿度适宜,产生分生孢子通过气流、浇水和农事操作等传播蔓延。该病的发生与温、湿度关系密切,病菌适宜生长温度15~30℃,菌丝生长适宜温度15~21℃;湿度是诱发灰霉病的主要因素,温室内相对湿度在85%以上时发病较重,低于60%时则发病轻或不发病。

防治措施

（1）农业防治　清洁温室。扣膜前和收割后及时清除田间枯叶和病残体，并带出室内集中深埋或烧毁，切断初侵染源，防止病菌蔓延。适时通风降湿，防止室内湿度过大，是防治该病的关键。室内湿度大时，收割后，可在行间撒施草木灰降湿。合理施肥和浇水，韭菜是多年生蔬菜，要多施腐熟有机肥，合理浇水，适时追肥，养好茬，以增强植株抗病能力。

（2）药剂防治　①烟熏法，用 45%百菌清烟剂按 200~250g/ $667m^2$，10%速克灵烟剂按 250g/$667m^2$，分放 4~5 处，密闭棚室，暗火熏 1 夜。②粉尘法，用 10%灭克粉尘剂，6.5%万霉灵粉尘剂、5%百菌清粉尘剂，按 1kg/$667m^2$ 喷粉。③喷雾法，用 65%甲霉灵可湿性粉剂 800~1 000 倍液、50%农利灵可湿性粉剂 500 倍液、65%抗霉威可湿性粉剂 1 000~1 500 倍液、50%速克灵可湿性粉剂 1 000~1 500 倍液、50%施宝功乳油 4 000~5 000 倍液喷雾。

2. 疫病

症状　根茎、叶和花薹均可发病，以根茎受害最重。叶片和花薹多从下部开始染病，初呈暗绿色水渍状病斑，当病斑蔓延扩展到叶片的 1/2 左右时，全叶变黄、下垂，湿度大时，病斑软腐，并产生灰白色霉状物。根茎受害，呈水渍状褐色软腐，叶鞘脱落，植株停止生长或枯死，湿度大时，长出灰白色霉层，韭菜叶腐烂。

发病规律　主要以卵孢子在土壤中的病残体上寄宿。病菌生长温度 12~36℃，最适温度 25~32℃，当土壤湿度达到 95%以上且持续 4~6h 时，病菌即完成再侵染，发病周期短、速度快，常造成韭菜根茎和叶片腐烂。温室内温度通常超过 25℃，如浇水过量或放风不及时，则造成高温、高湿环境，造成病害流行蔓延。露地养根期间 7—8 月气温高，雨水多，发病较重，9 月中旬温、湿度降低，发病会逐渐减轻或停止。

防治措施

（1）农业防治　选用抗病品种选用直立性强，生长旺盛的791、平韭4号、平研2号等有较好抗性的优良品种。实行轮作倒茬，减少病原菌一般与其他作物轮作2~3年。夏、秋韭菜养根期间要结合施肥进行培土培肥，培育健壮的韭根，减轻扣膜后病害。加强田间管理，合理施肥和浇水，严防土壤湿度过大，要注意增施有机肥，促进植株生长健壮，提高抗病力。温室要注意通风，防止湿度过大。

（2）药剂防治　发病初期可选用58%甲霜灵锰锌可湿性粉剂500倍液、25%甲霜灵可湿性粉剂500倍液、72%普力克水剂800倍液喷雾防治。每隔6~7d喷一次，连喷2~3次，此外，移栽时也可用上述药液蘸根。

3. 锈病

症状　锈病主要为害叶片及花梗。发病初期，在表皮上生有椭圆形至纺锤形的稍隆起褐色小疱疮（夏孢子堆）。以后表皮纵裂，散发出橙黄色粉末。后期在橙黄色病斑上形成褐色的斑点，长椭圆形至纺锤形，稍隆起，不易破裂。如破裂，则散出暗褐色粉末（冬孢子）。发病严重时，病叶呈黄白色枯死。

发病条件　病菌以冬孢子和夏孢子在病株上越冬。翌年春季，夏孢子通过气流传播，也可通过雨水传播。萌发后，从植株的表皮或气孔侵入。锈病在低温、多雨的情况下不易发病。所以在春、秋二季发病较多，尤以秋季为重。在冬季温暖多雨地区，有利于病菌越冬，次年发病则严重。夏季低温多雨，有利于病菌越夏，秋季则发病重。此外，在管理粗放、肥料不足、生长势衰弱时，发病严重。

防治技术

（1）农业防治　①加强田间管理，增施有机肥料，特别是增施磷、钾肥料，促进植株健壮生长，提高抗病力。②清洁田园：发病初期，及时摘除病叶、花梗，集中深埋或烧毁。收割后及时清理田间病株残体，减少田间病原。③定植时选苗：定植时淘汰病苗，避免病苗入地传播。

（2）药剂防治　发病初期可用 50%萎锈灵乳油 800 倍液，或 70%代森锰锌可湿性粉剂 1 000 倍液，或 1mg/L 的放线菌酮液，或敌锈钠 200 倍液，或 50%二硝散可湿性粉剂 200 倍液等药剂之一，每 10d1 次，连喷 2~3 次。

（二）常见虫害的防治

1. 韭蛆

为害　幼虫常钻破韭菜根部的表皮，蛀食内部组织，并由根部向上蛀食韭菜，韭菜生长点遭受为害，植株就萎蔫死亡，或引起腐烂。

发生规律　韭蛆的生活史分成虫、卵、幼虫、蛹 4 个阶段。成虫为葱蝇，成虫的发生盛期在 4 月下旬至 5 月初，它喜高温低湿气候，所以在干燥的春天活动最盛。一般白天活动，夜间潜伏，如遇阴雨或大风，则停止飞翔。常潜伏于地面或土壤缝隙中，在植株近地面的叶鞘上产卵。

防治技术

（1）农业防治　低温干燥法。韭蛆虽然在土壤内可以安全越冬，但无土覆盖，将其裸露于低湿度空气中则会死亡。因此只要将韭根周围的表土掘开，使其暴露于-4℃的低温，60%以下的低湿环境下，经 2~3 小时即可死亡。在春季开始解冻时，将韭菜根周围的表土，用竹签子剔开，使韭蛆暴露于地皮之外，韭蛆一接触到低温和干燥空气后，就会自然死亡。

（2）药剂防治　韭蛆的防治可用 90%敌百虫 1 000 倍液，666.7m² 用量共计 100g，在春秋两季成虫发生盛期对根喷灌，随即覆土效果好。亦可用 40%乐果乳油，666.7m² 用量 50~100g，稀释 1 000 倍后灌根，一般在病虫发生盛期使用，但距采收期应至少间隔 10d。

2. 葱蓟马

属于缨翅目，蓟马科。我国各地都有发生。

为害 主要为害葱、洋葱、大蒜、北菜、瓜菜、茄子、马铃薯、白菜等多种蔬菜。成虫和若虫以唑吸式口器为害心叶、嫩芽。被害叶形成许多细密的长形灰白色斑纹，叶尖枯黄。严重时叶片扭曲枯萎。

发生规律 在北方1年发生6~10代。主要以成虫和若虫在未收获的葱、洋葱、大蒜的叶鞘内越冬，前蛹和伪蛹则在葱、蒜地的土壤中越冬。冬季在温室内可继续繁殖为害。成虫善飞、活泼，可借风传到很远的地方。成虫忌光，白天躲在叶腋或叶背处为害。初孵幼虫有群集为害习性，稍大后即分散为害。葱蓟马最适宜温度为23~28℃，相对湿度为40%~70%，喜温暖和较干旱的环境条件。干旱年份发生重，多雨季节及勤浇水地块发生较轻。暴风雨后显著减少。冬季及早春可为害温室黄瓜。

防治技术

（1）农业防治 ①加强田园管理。清除杂草，加强水肥管理，使植株生长旺盛，减轻受害。②加强栽培管理。以减轻作物受害。③早春清除田间杂草和残株落叶，可减少虫源。

（2）药剂防治 选用40%水胺硫磷乳油1 000倍液，10%兴棉宝乳油或10%高效灭百克乳油3 000倍液，40%乙酰甲胺磷乳油、50%辛硫磷乳油、50%巴丹可溶性粉剂各1 000倍液，20%叶蝉散乳油500倍液等喷洒。

第二节 大白菜

一、品种选择

由于春季适合大白菜生长的条件有限，早期受低温影响，后期又受高温长日照影响，难以形成叶球，所以春季大白菜栽培必须选用冬性强、耐低温、耐先期抽薹、早熟、抗软腐病、高产、优质的品种，生长期短的早熟类型品种，其生长期一般在50~60d。普通的秋冬大白菜品种不适宜春季反季节栽培。

根据形态特征、生物学特性及栽培特点，白菜可分为秋冬白菜、春白菜和夏白菜，各包括不同类型品种。

1. 秋冬白菜

中国南方广泛栽培、品种多。株型直立或束腰，以秋冬栽培为主，依叶柄色泽不同分为白梗类型和青梗类型。白梗类型的代表品种有南京矮脚黄、常州长白梗、广东矮脚乌叶、合肥小叶菜等。青梗类型的代表品种有上海矮箕、杭州早油冬、常州青梗菜等。

2. 春白菜

植株多开展，少数直立或微束腰。冬性强、耐寒、丰产。按抽薹早晚和供应期又分为早春菜和晚春菜。早春菜的代表品种有白梗的南京亮白叶、无锡三月白及青梗的杭州晚油冬、上海三月慢等。晚春菜的代表品种有白梗的南京四月白、杭州蚕白菜等及青梗的上海四月慢、五月慢等。

3. 夏白菜

夏秋高温季节栽培，又称"火白菜""伏菜"，代表品种有上海火白菜、广州马耳白菜、南京矮杂一号等。

二、育苗技术

（一）适期播种

一般来说，提前播种则上市早，售价高，效益好，播种迟，则上市迟，影响栽培效益。但春大白菜属反季节大白菜，应严格控制播种期，切不可过早播种，否则低温条件下易通过春化作用，造成先期抽薹。总的原则是保证春大白菜栽培生长的日平均温度稳定在13℃以上，可根据栽培设施情况及选用品种不同，提前或推迟播种或移栽。

（二）育苗

早春播种要进行保温育苗，防止先期抽薹，最好保证最低气温在15℃以上。一般采用棚内营养钵育苗方式育苗，配好营养土，消毒，装钵，置于塑料棚内。然后将种子直接播于营养钵中，每钵2粒，待真叶长出后定苗，每钵留一株健壮苗。白天高于20℃时，要及时通风降温防徒长，移栽前根据苗情适时通风炼苗。撒播的在1叶1心时，及时间苗，保持苗距2~3cm。3~4片真叶时移栽。

三、定植

苗龄30d左右、叶片数6~7片，选晴天及时定植。每亩栽3 500~4 000株左右，亩用种量50g。整成畦宽1m，每畦种2行，株距40cm左右。栽前覆盖地膜，要求地膜平贴地面，栽后浇稀人粪尿做定根水，促成活，膜孔用泥土封实。直播的一般每穴播2粒，播种后覆盖地膜，另用营养钵育少量秧苗供缺苗株补苗用，播种5d左右后出苗，出苗后及时破膜引苗，地膜破口处用土压牢，出苗约10d左右及时间苗定苗。生长前期以保温为主，生长后期根据温度回升情况，及时揭膜通风，白天保持20~25℃，夜温15℃左右。

春大白菜开展度小，叶球不大，为提高产量可适当加大密度。不管是直播的或是育苗移栽的，一畦或一垄均种植两行，行距50cm，株距35~40cm，每667m² 定植3 500~4 500株。移栽时，每一株白菜苗都要带土坨定植，以利缓苗。

定植前要带土定植，利于缓苗。用营养钵育苗定植，不伤根，缓苗快，成活率高，易保全苗。每畦栽2行，株距30~35cm。

四、田间管理

(一) 施肥管理

每生产1 000kg大白菜，大约需要吸收氮1.5~2.3kg，磷0.7~0.9kg，钾2.0~3.5kg，氮、磷、钾吸收量的比率大致为2：1：3。对氮、磷、钾的吸收数量苗期较少，莲座期较多，结球期最多。从苗期到莲座期约占总吸收量的20%~30%，结球期约占

70%～80%。幼苗期吸收氮多，钾次之，磷最少；莲座期、结球期则吸收钾最多，氮次之，磷最少。在生长期间，施氮肥数量过多，会使叶球含水量增加，含糖量降低，品质下降。为满足大白菜生长对营养元素的需求，应根据目标产量计算吸肥量、土壤肥力、肥料种类及肥料利用率等，进行综合分析后确定合理的施肥指标。施肥种类应是有机肥和无机肥配合施用。有机肥和磷肥主要作基肥施入，无机肥和部分速效有机肥用作追肥。追肥占总施肥量的1/3，分3～4次施用，重点施肥期在莲座末期至结球初期。

大白菜叶片多，叶面角质层薄，水分蒸腾量很大。在营养生长时期，土壤水分以维持田间持水量的80%～90%为宜，低于70%时，对产量和品质均发生不良影响。当长期在95%以上高湿条件下，病害重或贮藏期限间易脱帮。空气相对湿度以65%～80%为宜。过高、过低均对生长、结球不利。发芽期和幼苗期需水量较少，但种子发芽出土需有充足水分；幼苗期根系弱而浅，天气干旱应及时浇水，保持地面湿润，以利幼苗吸收水分，防止地表温度过高灼伤根系。莲座期需水较多，掌握地面见干见湿，对莲座叶生长既促又控。结球期需水量最多，应适时浇水。结球后期则需控制浇水，以利贮藏。大白菜在10℃以下生长缓慢，5℃以下生长停顿，短时0～2℃受冻尚可恢复，长时间-4～-5℃受冻后则不能恢复，应在受冻温度来临前及时收获。

春季大白菜应定植在前茬没种过十字花科作物的地块。对选好的地块，在冬前要翻耕冻垡，熟化土壤。春白菜生长的季节较短，定植后管理上以促为主，一促到底。定植前施足基肥，早春化冻后，每亩施腐熟有机肥3 000～4 000kg，磷酸二铵20kg，硫酸钾25kg，或尿素15kg，磷酸二铵10kg，硫酸钾15kg，或施入氮磷钾素硫酸钾复合肥70kg。并撒施地下毒药及杀菌剂，以防地下害虫和土传病害。均匀撒入田内，然后再浅翻使土壤和肥料混合均匀。

春大白菜除定植前施入充足的基肥外，还应适当早施追肥。定植缓苗后追肥1次，每亩追施磷酸二铵5kg。结球前、中期再各追肥1次，每亩追施磷酸二铵10~15kg。定植缓苗后至结球前期，也可追施稀人粪尿1~2次，用量为每亩700~800kg。进入高温期后，勿施人粪，以免加剧病害的发生。

幼苗期与结球期应用芸薹素481，可促进叶片生长与早结球，还显著增产。用0.1%芸薹素481一包对水45~60kg，叶面喷洒。也可叶面喷施高能红钾、叶面钾肥，增产效果明显。

对连年种植地块可推广应用免深耕土壤调理剂，或抗重茬剂，用以改良土壤，使土壤疏松，增强土壤保水、保肥能力，促进大白菜植株生长，增产增收，同时可实行少免耕，省工、省本，及时栽培，增产、增收，方法是每667m²用200g"免深耕"剂，对水100~200kg，均匀喷洒在地面。土地经过平整后做成低畦。因早春雨水少，低畦能保持地温，以利定植成活后提高地温，促进根系发育，加快营养生长。畦宽1m，长10m，便于浇水和管理。

（二）浇灌管理

春大白菜定植后要及时浇定植水，水量要小。2~3d再浇缓苗水，水量也不宜大。然后，中耕保墒，以防地温过分下降，影响缓苗。春大白菜栽培，其浇水的原则是前期少浇，后期多浇。前期由于地温低，浇水多，促使地温下降，不利于根系生长和发育。后期由于气温、地温升高，可适当增加浇水次数和浇水量，以满足大白菜结球时对水分的需要。

春大白菜无明显蹲苗期。由于莲座期发育快，春季降雨少而蒸发量又大，因此，在生长中期不宜过多控制水分，浇水量要适中。进入结球期因气温渐高，一般每4~5d浇一水，浇水应在早晚进行。为了防止软腐病的发生，切忌大水漫灌。

五、收获

春大白菜收获越迟，抽薹的危险越大，应仔细观察短缩茎的伸长情况，在未抽薹或虽轻微抽薹但不影响食用品质前尽早收获。合理密植是提高大白菜产量和商品质量的重要措施。种植密度因品种、地力和气候条件而异。合理密植的指标是植株所占的营养面积约等于或稍小于莲座叶丛垂直投影的分布面积为宜。不同品种要有相应的合理密度。同一个品种，气候条件适宜、肥水条件好，密度可稍小；反之，密度宜稍大些。植株田间布局的方式也影响大白菜的生长。为便于田间操作，一般是行距略大于株距。

六、病虫害防治

(一) 大白菜霜霉病

霜霉病是大白菜一大重要病害，也是十字花科蔬菜的重要病害。

症状 苗期被害，叶片正面呈褪绿色斑，叶背有白色霜状霉层，严重时叶片枯死。成株期被害，初叶正面有褪绿斑，渐发展成黄褐色，叶背有白色霉层，病斑发展受叶脉限制而呈多角形，甚至病斑互联，病叶枯死。采种株还为害花梗、花器及种荚。花梗受害变形，肿大弯曲，花器肿大畸形，花瓣小而枯黄，结实不良，病部有白霉。

病原 Feronospora parasitica（Pers）Fr，属鞭毛菌亚门，称寄生霜霉。菌丝无色、无隔。菌丝上长出的孢囊梗从气孔伸出，重复的二权分枝。孢子囊长圆形或卵圆形。卵孢子球形。该菌属专性寄生菌，仅在活体上存活。孢子囊产生最适温度为 $8 \sim 12 \, ^\circ\mathrm{C}$，萌发适温为 $7 \sim 13 \, ^\circ\mathrm{C}$，侵染适温为 $16 \, ^\circ\mathrm{C}$。卵孢子在 $10 \sim 15 \, ^\circ\mathrm{C}$，相对湿度 $70\% \sim 75\%$ 易形成。

发病特点 病菌以菌丝体在留种株上或以卵孢子随病残体在土中越冬。翌年侵染小白菜、油菜、小萝卜等，产生孢子囊再侵染。种子带菌，苗期既染春菜发病，又成为夏秋菜的侵染源。条件不适应，形成卵孢子越冬。温暖的南方，十字花科蔬菜周年生长，病也周年发生。

温、湿度与霜霉病的发生、流行关系密切。连续几日 $16 \, ^\circ\mathrm{C}$ 左右，相对湿度 70% 以上，有利发病多雨、多露、多雾、光照少，

设施蔬菜生产经营

品种单一、抗病性差、底肥不足、密度过大、通风不良的地块，发病严重。同时，早期病毒病株也是霜霉病早发生又严重的病株。

防治方法

（1）农业防治　因地制宜选育和选用抗病品种；适期播种；隔年轮作；施足底肥，增施磷钾肥，加强苗期水肥管理，控制病毒。莲座期及时预防，包心期浇水追肥以及收获后清除病残体等。

（2）药剂防治　发病初期选用安泰生 70% 可湿性粉剂 700 倍液，霉多克 66.8% 可湿性粉剂 700 倍液，25% 甲霜灵 500 倍液、40% 乙膦铝 250 倍液、64% 杀毒矾 400 倍液、48% 瑞毒锰锌 500 倍液、72.2% 普力克水剂 600~800 倍液或 69% 安克锰锌+75% 百菌清（1∶1）1 000 倍液，3~4 次，10d 左右 1 次，交替施用，喷匀喷足。喷雾。喷药以叶背为主。

（二）白菜类黑腐病

症状　主要为害大白菜、小白菜、白菜型油菜、菜心、紫菜薹等白菜类蔬菜。幼苗出土前染病不出苗，出土后染病子叶呈水浸状，根髓部变黑，幼苗枯死。成株染病引起叶斑或黑脉。叶斑多从叶缘向内扩展，形成"V"字形黄褐色枯斑。斑周围组织淡黄色，与健部界限不明显。有时病菌沿脉向里扩展，形成大块黄褐色斑或网状黑脉。从伤口侵入时，可在叶片任何部位形成不规则的褐斑，扩展后致周围叶肉变褐枯死。叶帮染病病菌沿维管束向上扩展，呈淡褐色，造成部分菜帮干腐，致叶片歪向一边，有的产生离层脱落。与软腐病并发时，易加速病情扩展，致茎或茎基腐烂，轻者根短缩茎维管束变褐，严重的植株萎蔫或倾倒，纵切可见髓部中空。种株染病仅表现叶片脱落，花薹髓部变暗，后枯死。该病腐烂时不臭，别于软腐病。苗期黑腐病先为害子叶、后致真叶发病。病部叶脉上出现黑色小点，或小条斑。定植后，叶缘上也出现"V"字形斑。随叶片生长，病斑不断扩大，致叶脉、叶柄呈褐色或黑色。病菌侵入茎部维管束后，叶片继续发病，菜株逐渐萎蔫枯死。

病原　油菜黄单胞菌油菜致病变种，或甘蓝黑腐病黄单胞菌，属细菌。菌体杆状，大小（0.7~3.0）μm×（0.4~0.5）μm，极生单鞭毛，无芽孢，有荚膜。菌体单生或链生，革兰氏染色阴性。在牛肉汁琼脂培养基上菌落近圆形，初呈淡黄色，后变蜡黄色，边缘完整，略凸起，薄或平滑，具光泽，老龄菌落边缘呈放线状。病菌生长发育最适温度为25~30℃，最高39℃，最低5℃，致死温度51℃经10分钟，耐酸碱度范围pH值为6.1~6.8，pH值6.4最适。

传播途径和发病条件　该菌在种子上或病残体内遗留在土壤中或在采种株上越冬。如播种带病种子，幼苗出土时依附在子叶上的病菌从子叶边缘的水孔或伤口侵入，引起发病。成株叶片染病，病原细菌在薄壁细胞内繁殖，再迅速进入维管束，引起叶片发病，再从叶片维管束蔓延至茎部维管束，引致系统侵染。采种株染病，细菌由果柄处维管束侵入，沿维管束进入种子皮层，或经荚皮的维管束进入种脐，致种内带菌。此外，也可随病残体碎片混入或附着在种子上，致种外带菌。病菌在种子上可存活28个月，成为远距离传播的主要途径。在生长期主要通过病株、肥料、风雨或农具等传播蔓延。一般与十字花科蔬菜连作，或高温多雨天气及高湿条件，叶面结露、叶缘吐水，利于病菌侵入而发病。此外，肥水管理不当，植株徒长或早衰，寄主处于感病阶段，害虫猖獗或暴风雨频繁发病重。

防治措施

（1）种植抗病品种　如津青9号、石绿90、京秋80、晋菜3号、秦白2号、石丰88、绿星70、夏白45、中白81、太原2号等。

（2）与非十字花科蔬菜进行2~3年轮作。

（3）从无病田或无病株上采种。

（4）种子消毒　用50%琥胶肥酸铜可湿性粉剂按种子重量的0.4%拌种可预防苗期黑腐病的发生。此外，也可用农抗751杀菌剂100倍液15ml浸拌200g种子，吸附后阴干；或每千克种子用漂白粉10~20g（有效成分）加少量水，将种子拌匀，放入容器内封存 16 小时。

（5）加强栽培管理　适时播种，不宜播种过早，合理浇水，适期蹲苗；注意减少伤口；收获后及时清洁田园。

（6）发病初期喷洒 72% 农用硫酸链霉素可溶性粉剂或新植霉素 100~200mg/kg，或氯霉素 50~100mg/kg，或 50% 氯溴异氰尿酸（消菌灵）可溶性粉剂 1 200 倍液或 12% 松脂酸铜乳油 600 倍液。但对铜剂敏感的品种须慎用。

（三）白斑病

症状　大白菜、白菜、白菜型油菜等白菜类叶片上初生灰褐色近圆形小斑，后扩大为直径 6~18mm 不等的浅灰色至白色不定形病斑，外围有污绿色晕圈或斑边缘呈湿润状，潮湿时斑面现暗灰色霉状物，即分生孢子梗和分生孢子。病组织变薄稍近透明，有的破裂或成穿孔，严重时病斑连合成斑块，终致整叶干枯。大白菜病株叶片从外向内一层层干枯，似火烤状，致全田呈现一片枯黄。本病症状常因品种及发病条件的不同而有急性型或低温型之别，除为害白菜类蔬菜外，还可侵染油菜、红菜薹、萝卜、芥菜和芜菁等。近年来在国内一些省区，本病在大白菜上为害渐趋严重，尤其在一些高海拔冷凉地区，其为害不亚于霜霉病。

病原　芥假小尾孢，属半知菌类真菌。分生孢子梗束生，3~20 根一束，由气孔伸出，无色，正直或弯曲，短小，顶端圆截形，大小（7.0~17.5）μm×（2.5~3.25）μm。其上着生一个分生孢子。分生孢子线形，无色透明，基部稍膨大，圆形，顶端稍尖，分生孢子直或稍弯曲，大小（30~95）μm×（2.0~3.0）μm，具 1~4 个横隔膜。子座近无色至榄褐色。该菌在 PDA 培养基上只长菌丝，不长孢子。有性态称十字花科白霉菌。子囊座直径 9~110μm；子囊（50~60）μm×（7~9）μm；子囊孢子纺锤形或圆筒形，黄色，具 3 个隔，大小（18~22）μm×（3~4.25）μm。除为害白菜外，还侵染萝卜、芥菜、芜菁等。

传播途径和发病条件　主要以分生孢子梗基部的菌丝或菌丝块

附着在地表的病叶上生存或以分生孢子黏附在种子上越冬，翌年借雨水飞溅传播到白菜叶片上，孢子发芽后从气孔侵入，引致初侵染。病斑形成后又产生分生孢子，借风雨传播进行多次再侵染。此病对温度要求不大严格，5~28℃均可发病，适温11~23℃。旬均温23℃，相对湿度高于62%，降水16mm以上，雨后12~16d开始发病，此为越冬病菌的初侵染，病情不重。当白菜生育后期，气温降低，旬均温11~20℃，最低5℃，温差大于12℃，遇雨或暴雨，旬均相对湿度60%以上，经过再侵染，病害扩展开来，连续降雨可促进病害流行。白斑病流行的气温偏低，属低温型病害。在北方菜区，本病盛发于8—10月。在长江中下游及湖泊附近菜区，春、秋两季均可发生，尤以多雨的秋季发病重。此外，还与品种、播期、连作年限、地势等因子有关，一般播种早、连作年限长、下水头、缺少氮肥或基肥不足，植株长势弱的发病重。

防治措施

（1）选用抗病品种 辽白7号、吉研5号、津绿55、津绿75、津绿64、绿星70、天正秋白1号、小青口、大青口、辽白1号、疏心青白口等较抗病，可因地制宜选用。

（2）实行3年以上轮作，注意平整土地，减少田间积水。

（3）适期播种，增施腐熟有机肥或酵素菌沤制的堆肥，中熟品种以适期早播为宜。

（4）发病初期喷洒40%多硫悬浮剂600倍液或50%多霉威（万霉敌）可湿性粉剂800倍液、65%甲硫·乙霉威（克得灵）可湿性粉剂1 000倍液、50%多菌灵可湿性粉剂500倍液、50%多菌灵磺酸盐（溶菌灵）可湿性粉剂800倍液、70%乙铝·锰锌（菜霉清）可湿性粉剂500倍液，每667m² 喷药液50~60L，间隔15d左右1次，共喷2~3次。

（四）白菜类炭疽病

症状 大白菜、普通白菜、菜心炭疽病主要为害叶片、花梗及种荚。叶片染病，初生苍白色或褪绿水浸状小斑点，扩大后为圆形或近圆形灰褐色斑，中央略下陷，呈薄纸状，边缘褐色，微隆起，直径1~3mm。发病后期，病斑灰白色，半透明，易穿孔；在叶背多为害叶脉，形成长短不一略向下凹陷的条状褐斑。叶柄、花梗及种荚染病，形成长圆或纺锤形至梭形凹陷褐色至灰褐色斑，湿度大时，病斑上常有赭红色黏质物。此外，该病还侵染萝卜、芜菁、芥菜等十字花科蔬菜，引起类似的症状。

病原 芸薹刺盘孢，属半知菌类真菌。菌丝无色透明，有隔膜。分生孢子盘小，直径25~42μm，散生，大部分埋于寄主表皮下，黑褐色，有刚毛。分生孢子梗顶端窄，基部较宽，呈倒伏状，无色，单胞，大小（9~16）μm×（4~5）μm。分生孢子长椭圆形，两端钝圆，无色，单胞，大小（13~18）μm×（3~4.5）μm。本菌13~38℃均可发育，最适为26~30℃，最高为38℃，最低为10℃；碱性条件利于产孢子，酸性条件利于孢子萌发；光照可刺激菌丝生长。除为害白菜类蔬菜外，还可侵染萝卜、芜菁、芥菜等十字花科蔬菜。有性态围小丛壳。

传播途径和发病条件 以菌丝随病残体遗落土中或附在种子上越冬。翌年，分生孢子长出芽管侵染，借风或雨水飞溅传播，潜育期3~5d，病部产出分生孢子后进行再侵染。在北方，早熟白菜先发病。一般早播白菜，种植过密或地势低洼，通风透光差的田块发病重。每年发生期主要受温度影响，而发病程度则受适温期降水量及降雨次数多少影响，属高温高湿型病害。在湖南省衡阳市，8—9月常年均温25~28℃发病不重，此间如气温升高、降雨多则导致该病流行。

防治措施

（1）种植抗病品种 如青杂3号、青杂5号。选用无病种子，或在播前种子用50℃温水浸种10分钟，或用种子重量0.4%的50%多菌灵可湿性粉剂拌种。

（2）注意清洁田园 与非十字花科蔬菜隔年轮作。

（3）发病较重的地区 应适期晚播，避开高温多雨季节，控制莲座期的水肥。

（4）加强田间管理　选择地势较高，排水良好的地块栽种，及时排除田间积水，合理施肥，增施磷钾肥，收获后深翻土地，加速病残体的腐烂。

（5）发病初期　开始喷洒抗生素 2507 稀释 1 500 倍液或 25% 溴菌腈（炭特灵）可湿性粉剂 500 倍液、25% 咪鲜胺（使百克）乳油 1 000 倍液、50% 咪鲜胺锰盐（施保功）可湿性粉剂 1 500 倍液、30% 苯噻氰（倍生）乳油 1 300 倍液。每 667m^2 喷对水的药液 60L，隔 7~10d 1 次，连续防治 2~3 次。

第三节　菠　菜

一、对环境条件的要求

1. 温度

菠菜是绿叶菜类蔬菜中耐寒力最强的一种蔬菜，在长江流域以南可以露地越冬，-10℃左右的地区，可以露地安全越冬，华北、东北、西北用风障和地面覆盖能露地越冬。菠菜的耐寒力和植株生长发育、苗龄有密切关系。具有 4~6 片叶的植株，宿根可耐短期 -30℃ 低温，在 -40℃ 低温下也仅仅外叶受冻枯黄，而根系和幼芽不会受到损伤，如果幼苗只有 1~2 片叶，或幼苗过大，或将要抽薹的植株，越冬时易受冻害而死亡。菠菜的适应性广，生长适温为 15~30℃，最适温度为 15~20℃，菠菜种子在 4℃ 时就可发芽，适温为 15~20℃，4d 就可以发芽，发芽率达 90% 以上。随着温度的升高，发芽率则降低。

2. 光照

菠菜虽属低温长日照作物。但花芽分化主要受日照长短的影响，在长日照和高温下容易通过光照阶段，在长日照下低温有促进花芽分化的作用。花芽分化后，温度升高，日照加长时抽薹、开花加快。越冬菠菜进入翌年春夏季，植株就会迅速抽薹开花。

3. 水分

菠菜在空气湿度 80%~90%，土壤湿度 70%~80% 的环境条件下，生长最旺盛，叶片厚，品质好，产量高。菠菜在生长过程中需要大量水分，生长期缺水，生长减缓，叶肉老化，纤维增多，易发生霜霉病，尤其在高温、干燥、长日照下，会促进花器官发育，提早抽薹。

4. 土壤营养

菠菜对土壤的适应性较广，以种植在保水、保肥、潮湿（夜潮地）肥沃、pH 值为 6~7.5 中性或微碱性壤土中为宜，酸性土会使菠菜中毒，不宜栽培。菠菜为速生绿叶菜，要求有较多的氮肥促进叶丛生长，品质好，产量高。应在氮磷钾全肥的基础上增施氮肥。

二、生长发育

（1）营养生长期 从菠菜播种、出苗，到将已分化的叶片全部长成，花序开始分化自子叶展开到出现两片真叶，这一阶段生长缓慢，两片真叶展开后，叶数、叶重、叶面同时迅速增长。花序分化时的叶数因品种、播期、气候条件而异，少者 5~6 片，多者 20 余片。

（2）生殖生长期 从花序分化到种子成熟，前期与营养生长期有段时期的重叠。外界条件中能加强光合作用和营养积累的因素，一般都能促使雌性加强，抽薹后侧枝多，花多、籽粒饱满。

三、类型与品种

依据菠菜叶片的形状和果实上棱刺的有无，可将菠菜分为尖叶（有刺）、圆叶（无刺）类型。

1. 北京尖叶菠菜

北京地方品种。叶片箭头形，基部有一对深裂的裂片，绿色对肉稍薄，纤维较少，品质较好。果实菱形有刺。耐寒、不耐热，亩产 1 000~2 500kg，适合根茬越冬和秋季栽培。

2. 日本大叶菠菜

叶片椭圆形至卵圆形，先端稍尖，基部有浅缺刻。叶片宽而肥厚，浓绿色。耐热力强，不耐寒，适于夏、秋栽培。产量高，品质好。

3. 大圆叶菠菜

从美国引入，属无刺种。叶片卵圆形至广三角形，叶片肥大，叶面多皱褶，色浓绿。品质甜嫩，春季抽薹晚，产量高，品质好，但不耐寒，单株重 0.5kg。缺点是抗霜霉病及病毒病能力弱。东北、华北、西北均有栽培。

四、茬口安排与田间管理

菠菜的适应性广，生育期短，速生快熟，是加茬赶茬的重要蔬菜。产品不论大小，均可食用，又有耐寒和耐热的品种，栽培方式有越冬、埋头、春菠菜、夏菠菜、秋菠菜、冻藏菠菜等，可以做到排开播种，周年供应。

（一）春菠菜栽培技术要点

（1）栽培时间　3月上旬至4月中旬播种，5月上中旬收获。

（2）品种选择和播种期　种植春菠菜应选择抽薹迟、叶片肥大的圆叶类型的菠菜品种。早春当土壤表层 4~6cm 解冻后，就应尽量早播，以"顶凌播种"为好。可根据气象资料在日平均气温上升至 4~5℃ 时播种，一般在3月上旬播种为宜，直到4月中旬。

由于春菠菜播种时前期温度低，出苗慢，不利于叶原基分化；后期气温上升，日照延长，有利抽薹开花，所以营养生长期短，叶片数少，易抽薹，产量低。

（3）整地　种植春菠菜的地块应选择上茬未种植过十字花科类蔬菜的地块或其他大田作物的地块。用腐熟圈肥作基肥，再加氮肥、钾肥 30kg，然后浅耕，做成宽约 1.3m 的平畦备播。有的在头年先整地做畦，夹好风障备播。

（4）播种　在生产上常采用浸种催芽的方法，先将种子用温水浸泡 5~6h，捞出后放在 15~20℃ 的温度下催芽，每天用温水清洗 1 次，3~4d 便可出芽。一般采取撒播的方法，春菠菜的生长期短，植株较小，播种量增加到每亩 5~7kg。早春播种时最好采用湿播（"落水播种"），先灌足底水，等水渗完后撒播种子，然后覆土，厚约 1cm。由于畦面有一层疏松的土壤覆盖，既减少了土壤水分的蒸发，又有保温的作用。种子处在比较温暖湿润而且通气良好的环境中，可以较早出苗。

（5）田间管理　春菠菜前期要覆盖塑膜保温，可直接覆盖到畦面上，出苗后即撤除薄膜或改为小拱棚覆盖，小拱棚昼揭夜盖，晴揭雨盖，让幼苗多见光。采取湿播法播种的春菠菜，由于土壤水分充足，一般可以在苗长出 2~3 片真叶时浇第一水。从浇第二水时，每亩随水追施尿素 15kg，或每 667m^2 施氮钾肥 20kg，尤其是采收前 15d 要追施速效氮肥。浇水根据气候及土壤的湿度状况进行，原则是经常保持土壤湿润。

（6）适时收获　一般播种后 40~60d 便可采收，5 月上中旬就可达到采收标准。

（二）夏菠菜栽培技术

夏菠菜又称"伏菠菜"，是 7—8 月上市的菠菜。幼苗生长期正处于高温长日照季节，虽然叶原基分化快，但花芽的分化和抽薹也快。而且气温高，蒸发量大，呼吸旺盛，植株养分积累少，叶面积的增长受到限制，品质差，产量低。

夏菠菜栽培应着重解决出苗、保苗及健壮生长的问题。

（1）栽培时间　6 月上中旬至 7 月播种，播种后 50d 左右收获。

（2）品种选择　夏菠菜应选择耐热力强，生长迅速，耐抽薹，抗病、产量高和品质好的品种。比较适宜夏季种植的品种有：荷兰比久 5 号菠菜 F1、K5、日本北丰、绍兴菠菜等。其次可用广东圆叶菠菜，以及南京大叶菠菜、华菠 1 号等。

（3）确定适宜播期　播种期可安排在计划上市以前50余天。同时要尽可能安排在夏季最高温来临以前播种，使幼苗生长一段时间后再进入高温期，才有利于获得较高产量。所以夏菠菜适宜播种期为6月上中旬。

（4）浸种催芽　夏菠菜播种前必须低温浸种催芽。其方法是：用井水浸泡24~30h，用纱布包好，吊在水井中离水面20cm左右处，每天将纱布包沉入水中将种子淘洗1次，2~3d后待种子胚根露出再播种。也可将浸过的种子，摊在室内阴凉处催芽，注意翻动并保持一定的水分，经5~6d也可出芽。或将浸过的种子，放在15~20℃下催芽，3~4d即可出芽。

（5）整地施肥播种　耕地前，每667m² 施入腐熟农家肥2 000~3 000 kg，氮磷钾素复合肥20kg和尿素10kg。还要施入1.5kg锌肥、0.7kg硼肥作基肥。浅耕耙，做成1.1m宽的平畦（含埂），畦面必须平整，畦不可太长，以15m左右为宜。10时前，16时后，用湿播法播种。即先浇水，待水渗下去后，撒播种子，覆盖1.5~2cm细土。为保证足够的苗数，每667m²播种量可增加到8~10kg。播种后用作物秸秆覆盖畦面，降温保湿，防大雨冲刷，保证苗齐苗匀。出苗前尽量不浇水，以免土壤板结或浇水时冲掉盖土，使种子外露，影响出苗。出苗后于傍晚或早上揭去覆盖物。

（6）田间管理　①间苗：出苗后，对出苗过密的地方要进行间苗。②浇水：夏菠菜生长期间的施肥灌水，应以轻浇勤浇为原则。第一次浇水，水流要缓，水量要小，以免泥浆将子叶浸泡后引起死苗。一般5~7d浇1次水，经常保持土壤湿润，以降低地温。浇水时间宜在清晨或傍晚，要浇井水，不浇坑塘水及河水。幼苗生长期间，不喜高温和强光照射，必要时可搭棚遮阴。覆盖物早盖晚揭，既降温又防雨。

（7）病虫害防治　夏菠菜主要病害有猝倒病、霜霉病、炭疽病、病毒病。①猝倒病防治方法：菠菜出苗后，可用绿亨1号

3 000倍，或克菌1 500倍液喷洒地面和植株。如发病较重，可用72.2%普力克600倍液加68.75%杜邦易保1 000倍液喷洒。②霜霉病防治方法：可喷72%锰锌霜脲600倍液，或58%甲霜灵可湿性粉剂500倍液，或64%杀毒矾锰锌可湿性粉剂500倍液，或40%乙膦铝可湿性粉剂200倍液，隔7d交替连喷2次。③炭疽病防治方法：用70%甲基托布津可湿性粉剂1 000倍液，或50%多菌灵可湿性粉剂600倍液，或70%代森锰锌可湿性粉剂500倍液，隔7d交替连喷2~3次。最好根据不同药剂特性复配防治。④病毒病防治方法：及早消灭蚜虫，减少传染病毒机会。对潜叶蝇害虫，要加强预防。

五、棚室越夏菠菜栽培技术措施

菠菜是重要的绿叶蔬菜，耐寒性强，大多在秋、冬、春季广为栽培，在夏季高温多雨种植菠菜难度很大。利用冬暖大棚、拱圆大棚夏季闲置时期，试验用避雨的方法种植，获得成功，亩产量可达1 500kg以上，市场前景看好，收入非常可观，40d左右可收获一茬。种越夏菠菜所采取的主要技术措施如下。

1. 保护设施

5—7月期间播种的菠菜都属于越夏菠菜，在种植越夏菠菜时均需采用遮阳避雨的方法。

（1）盖遮阳网　可利用日光温室（冬暖大棚）夏季休置期，膜上覆盖遮阳网，达到遮阳避雨的目的；也可利用大拱棚，膜上再盖遮阳网遮阴降温。最好利用遮阳率60%的遮阳网。安装遮阳网时最好离开棚膜20cm（降温效果显著），并卷放方便。在晴天的9~16时的高温时段，将温室、大棚用遮阳网遮盖防止强光直射，在阴雨天或晴天9时以前和16时以后光线弱时，将遮阳网卷起来，这样既可防止强光高温又可让菠菜见到充足的阳光。

（2）加防虫网　蚜虫、灰飞虱是传播病毒病的媒介，阻止这些传毒媒介进入大棚，是种植越夏菜主要技术措施之一。种植前，可在拱棚的四周或大棚的南边，加封 60~70 米的防虫网，这样既不影响透风，又可安全隔绝传毒媒介进入大棚。还应对棚膜进行检查及时修补，以防雨水进入棚中引发病毒病。

总之，采取遮阳避雨措施是菠菜越夏栽培的关键。

2. 选用耐热品种

应选用较耐热的品种，目前多选用荷兰比久公司生产的 K4、K5、K6、K7 等品种，胜先锋也表现很好。它们的共同特点是较耐热抗病、耐抽薹、生长快、产量高。

3. 栽培方式

日光温室或大拱棚的土壤为沙壤土时，因易下渗或蒸发，可用畦栽，一般畦宽 1.5m，其中，畦面宽 1.15m，垄宽 35cm，每畦种 9 行，行距 12cm，株距 2.50cm，每 $667m^2$ 用种 1.75kg 左右。

棚室内的土壤为黏质土时，因土壤水分不易下渗或蒸发，最好用起垄栽培的方式，实践证明，菠菜夏季栽培最怕潮湿，如在畦中栽培易得茎腐病，在垄上栽培叶片基部通风好，不易生病。一般 50cm 起 1 垄，每垄种 2 行，穴距 5cm，每穴点 2 粒，一般每 $667m^2$ 用种 1kg 左右。

4. 肥水管理

菠菜喜肥沃，湿润，有机质含量高的土壤，如在日光温室内种越夏菠菜，因土质肥沃，一般不再施底肥；如在土质不肥沃的新温室或新大拱棚里，每 $667m^2$ 可施充分腐熟的鸡粪 $3m^2$ 左右做底肥。追肥最好用硝酸钾或硫酸钾复合肥，沙壤土地每 $667m^2$ 分 3 次共追施硝酸钾 15kg 或硫酸钾复合肥 30kg，随水冲施，根据菠菜的生长量追肥要前少后多。黏质壤土分 3 次追施硝酸钾 12kg 或硫酸钾复合肥 25kg 即可。夏季应适时浇水，浇后划锄；划锄既保湿又可防止苔藓生长，这是防病的关键。特别是刚出苗后的划锄，至关重要。如果地面长满苔藓，菠菜就会出现严重的死苗和烂叶现象。

5. 病虫害防治

越夏菠菜易发生猝倒病、霜霉病、细菌性腐烂病等病害和白粉虱、美洲斑潜蝇等虫害。一般在播种后第 5d（刚出全苗）时用大生 600 倍+霜霉威 600 倍液喷 1 次，第 12d 再用大生和霜霉威喷 1 次，第 20d 和第 28d 用克露 600 倍+阿维菌素+农用链霉素各喷 1 次，第 35d 再用大生+霜霉威+农用链霉素喷 1 次，这样可控制病害的发生。

预防病毒病，注意灭虫，防止昆虫传播。还要注意遮阴降温，防雨，防止过分干旱，增施有机肥、钾肥和微肥。每 7d 喷一次植病灵、病毒 A 等，可预防病毒病。

6. 收获

当菠菜长到 20~30cm 高时（约 40d）要及时收获。也可根据市场价格适当提前或拖后 1~2d 收获上市。但不要拖的时间太长，因在夏季菠菜容易腐烂，所以收获期宁早勿晚。

六、越冬菠菜栽培技术

1. 栽培时间

10 月上中旬左右播种，春节前后开始收获。

2. 选地整地

整地施肥。前茬作物收获后，每 667m² 施入 5 000kg 优质腐熟农家肥、30kg 氮磷钾复合肥，翻耕 20~25cm，耙平，踏实，整畦，畦宽 1.5~1.7m。条播时可按行距 10cm 左右开沟，沟深 3~4cm，均匀撒子，然后盖土，踏实，浇水。

3. 选择良种

菠菜越冬栽培，容易受到冬季和早春低温影响，到开春后，一般品种容易抽薹，降低产量和品质。因此，应选用冬性强、抽薹迟、耐寒性强、丰产的品种，如尖叶菠菜、菠杂 10 号、菠杂 9 号等耐寒品种。

4. 适时播种

越冬茬菠菜在停止生长前，植株达 5~6 片叶时，才有较强的耐寒力。因此，当日平均气温降到 17~19℃时，最适合播种。此时气候凉爽，适宜菠菜发芽和出苗，一般不需播催芽籽，而播干籽和湿籽。方法是：先将种子用35℃温水浸泡12h，捞出晾干撒播或条播，播后覆土踩踏洒水。播种时，若天气干旱，必须先将畦土浇足底水，播后轻轻梳耙表土，使种子落入土缝。

5. 适量播种

开沟条播，行距8~10cm，苗出齐后，按株距7cm定苗。如果种子纯净度低、杂质多，可用簸箕簸一下，去除杂质及瘪种，剩下饱满的种子播种，确保出苗整齐，长势强。

6. 冬前管护

播种后4~5d就要出齐苗，在出苗前土壤表面干了就浇水，要保证畦土表面湿润至齐苗，以促进菠菜的生长。菠菜发芽出土后，要进行一次浅锄松土，以起到除草保墒作用。当植株长出3~4片叶时，可适当控水，促进根系发育，以利菠菜越冬。为满足春节前后市场的需要，严冬来临要注意设立风障或搞好防寒防冻覆盖，以免冻坏叶片，严重影响菠菜的产量和质量。当植株长出5~6片叶即将停止生长时，要及时浇封冻水，浇水时机应掌握在土表昼化夜冻。浇冻水最好用粪水，有利于菠菜早春返青加速生长。翌年2月中旬拆除风障，搂净畦面及畦沟内杂物。

7. 防治病虫

越冬菠菜病虫害主要有炭疽病、霜霉病、病毒病和蚜虫等。霜霉病和炭疽病可于发病初期用75%百菌清600倍液、25%甲霜灵700倍液、40%乙膦铝可湿性粉剂300倍液等喷雾防治。病毒病除实行轮作外，还应及时防治蚜虫等传毒媒介，蚜虫盛发期可用10%吡虫啉2 000倍液或2%阿维菌素2 500~3 000倍液喷雾防治。

第四节　芹　菜

芹菜属伞形科的1、2年生草本植物，其嫩茎、叶均可食，芹菜是优良的保健蔬菜，具有浓烈的芳香，营养丰富，风味独特，是一种很有发展前途的特种蔬菜。特别是冬季塑料大棚栽培的芹菜质地细嫩，纤维少，品质好，是元旦、春节供应的主要细菜，具有很高的经济效益。芹菜是耐寒性蔬菜，喜冷凉怕炎热，利用日光温室栽培芹菜，一般作为冬春茬黄瓜或番茄的前茬进行秋冬茬栽培。

一、芹菜的生物学特征与设施生产

（一）芹菜的植物学特征

1. 根系

芹菜的根系发达，主根受伤后能迅速而大量地形成侧根。比较适宜育苗移栽。主要根群分布在 7～10cm 的土层中，横向分布30cm 左右。入土浅，不耐旱。

2. 茎叶

芹菜是以嫩茎和叶柄为主要食用部分的蔬菜，在营养生长初期，茎短缩，叶簇生在短缩茎上；每株有 7～10 片叶。叶柄有呈纵向的维管束、薄壁细胞、厚壁组织和厚角组织，这些细胞、组织的质和量对产品的品质起着重要的影响。水肥充足，芹菜表现脆嫩的品质，水肥缺乏时厚角组织增厚，纤维增加，品质下降。

3. 种子

芹菜的种子小，千粒重0.4～0.5g，使用年限1～2年。种子外皮革质，透水性慢，发芽慢。

（二）芹菜对环境条件的要求

1. 温度

芹菜原产欧洲地中海沿岸地区，喜冷凉，较耐寒。种子在4℃时开始发芽，但发芽慢，30℃以上不发芽。发芽适温为18～20℃。芹菜营养生长适宜温度设施内白天为20～22℃，夜间为13～18℃。但幼苗可耐-4～-5℃低温，成株可耐短期-7～-8℃的低温。一般夜间温度应保持在5℃以上，才能保证芹菜的正常生长。当环境温度长期低于-2℃时会发生冻害，高于30℃生长受阻，在5℃以下可通过春化阶段。

2. 光照

芹菜对日照强度要求不严，较耐阴。短日照有利于改善品质，低温长日照促进花芽分化和抽薹开花。栽培上常采用遮阳或培土，使芹菜质地鲜嫩，达到软化之目的。芹菜喜湿润、忌干燥，对土壤和空气湿度均要求较高。若水分不足，则生长受阻，品质也受影响。

3. 土壤和水分

芹菜对土壤适应性较广，在 pH 值为 6~8 范围内均能很好生长。但为了获取一定的产量，芹菜适宜选择富含有机质、保水、保肥力强的壤土或黏壤土，缺水缺肥土壤导致芹菜叶柄早发生空心。芹菜是喜肥作物，对氮、磷、钾要求比较全面，生长期间对氮、磷、钾肥的需要量较多，对硼肥敏感，缺硼时易造成叶柄基部开裂。

芹菜生长期喜湿润，在适宜的土壤温度条件下，根系发达，吸水力强，地上部发育快。不耐渍。土壤积水时，根系受损，影响地上部生长。特别是营养生长旺盛期更要充足的水分。

二、茬口安排

适宜于栽培芹菜的设施种类比较多，栽培形式也多种多样。但是，目前北方芹菜设施栽培茬口主要有以下几种。

（1）大、中棚秋延后栽培　6 月上旬至 7 月上旬均可播种，8 月上旬至 9 月上旬定植，大棚出现霜冻后采收结束，中棚盖草苫防寒可延长至元旦。

（2）日光温室冬茬栽培　7 月中下旬播种，9 月中下旬定植，从元旦前开始采收，春节前后结束。

（3）日光温室早春茬栽培　12 月上旬在日光温室播种育苗，翌年 2 月上旬定植，4 月开始采收。

（4）大、中棚春茬栽培　播种育苗根据苗龄推算在日光温室内的播种期。在大、中棚地温达到 0℃ 以上时定植。在 6 月初必须采收结束。

（5）小拱棚短期覆盖栽培　在小拱棚 15cm 地温达到 0℃ 以上时定植。按 60d 苗龄推算在阳畦内育苗，露地气温达到 0℃ 以上时撤去棚膜，转为露地栽培。

三、优良品种选择

要选择耐热抗寒、长势强、抗病、高产、优质的品种。小拱棚芹菜栽培应选用耐寒品种。芹菜分实心和空心两种，实心的植株高大，叶柄粗实，叶柄、叶片深绿，品质脆，耐低温，抗病性强，产量高，适于温室栽培。生产上常用开封玻璃脆、实秆青、天津实心青等。

（一）津芹 36 号

是天津市科兴蔬菜研究所用西芹与本芹杂交，选育出的新一代芹菜品种。

品种特征　叶片较大、绿色，叶柄光亮、黄绿色，植株高大粗壮紧凑，株高 80cm 左右，具有本芹的高度，又保持了西芹的叶柄宽厚度，比进口西芹生长速度快，保护地栽培比进口西芹提早 20d 左右收获。每 667m² 产量可达 1.5 万 kg，比进口西芹可提高产量 40% 以上。

栽培要点　需水肥较多，应以促为主。定植前应施足底肥，苗期要适时、及时浇水，不能干旱，否则生长迟缓易造成抽薹；营养生长盛期要供足肥水，以免叶柄纤维增多，生长迟缓商品性降低。保护地栽培应防止土壤水分假象出现，如土壤实际水分偏少，芹菜生长又处在盛期，极易导致生长不良和糠心现象出现。

（二）津南实芹

是津南区选育的优良地方品种。

品种特征　一般株高 90cm，植株紧凑直立，基本无分枝，叶柄腹沟深绿色，叶片肥大，组织充实，风味适口，纤维少，商品性好，单株重 250g。抗性强，既抗寒又耐热，越冬起身早，生长速度快，不易先期抽薹。适应性广，我国南北四季均可栽培。此品种抗病、丰产。抗斑枯病和病毒病，丰产潜力大。保护地栽培，控制温度不可过高。

栽培要点　京津地区春露地于 2 月上旬播于保护地，3 月下旬定植。秋露地育苗 6 月下旬播种，立秋后定植，株行距 7cm×14cm，秋大棚于 7 月上旬播种；冬季温室栽培，于 8 月上旬播种，9 月下旬定植，各地区可根据当地气候条件，适期播种。施足基肥，营养生长期间要保证足够的水肥供应，以免造成糠心、纤维多。

（三）意大利冬芹

中国农业科学院从意大利引入。

品种特征　植株生长旺盛，后期生长迅速。株高 90cm。叶色深绿，叶柄绿色，长 45cm，宽 2.1cm，厚 1.7cm，实心。质地脆嫩，纤维少，分蘖率较高，平均一株可分 3~4 个蘖。芹菜药香味较淡。单株重 500~1 000g，最高可达 1 500g 以上。

栽培要点　晚熟、抗病、抗寒、耐热，每亩产 6 500kg 以上。

（四）美国西芹

美国西芹为洋芹绿色类型。

品种特征　植株高大，株高在 80cm 左右，叶柄组织细致，质脆充实，实心，叶色深绿，叶柄由上至下青绿，品质好。一般中等大小植株单株重为 300g 左右，最大叶柄长 80cm，柄重 54g。

栽培要点　该品种耐贮藏，耐寒性强，生长势强，适应性广泛。栽培上不易抽薹，即使抽薹，在肥水充足情况下薹为肉质，也不影响品质。

（五）开封玻璃脆

河南开封市用当地实秆芹菜与西芹自然杂交选育而成。

品种特征　植株高 90cm 以上，根群较大。叶绿色，叶柄浅绿色，实心，叶柄长 52cm，宽 2.1cm，厚 0.95cm。纤维少，质脆，单株重 300~500g。

栽培要点 中晚熟，每 667m² 产 5 000~7 500kg。

四、育苗与定植

(一) 苗床准备

选择土质疏松、肥沃，排灌方便的地快作苗床。深耕 20cm，整平整细地面后，作凹畦，畦长 10~12m，宽 1.2~1.3m，每畦施入充分腐熟的有机肥 100kg，氮磷钾复合肥 2kg，并深锄，使土肥混合均匀。地势低，水位高的地块可作高畦。

(二) 种子处理

芹菜种子小，顶土能力弱，种皮革质，又有油腺，吸水气性差，出苗困难，播种前应进行种子处理。

(1) 浸种 用 20~30℃温水浸种 12h，搓洗 2~3 遍再用温水浸泡 12h，捞出淋干。如果是当年收获的种子，其有 3 个月的休眠期，发芽率低，一般仅 30%。为了打破休眠期，提高发芽率，播前先用 0.1%赤霉素浸泡 4h 后，用清水洗净药液，再催芽。这样经过 7~10d，发芽率可达 70%左右。

(2) 催芽 将细河沙浇足水后用 65%代森锌 600 倍液喷施，消毒后，使其持水量保持在 45%~50%，把浸泡好的种子，拌入细河沙中，使沙、种混合均匀，置于 15~25℃的地方催芽。

(三) 播种

(1) 播种期 根据产品上市时间，确定播种时期。

(2) 种子质量 选择上年或当年收获的种子，种子色泽正常，均匀。

(3) 播种量 每 m² 播种 3~5g，每 667m² 用种 40~50g（栽培种）。

(4) 细致播种 在整平的苗床上浇足水，使期渗透后，将种子均匀撒入苗床，覆土 0.3~0.5cm（最好用筛子筛入）。春季盖地膜，夏季覆盖秸秆、树枝等遮阴物，待出苗后除去覆盖物。

（四）苗床管理

芹菜种子小，发芽慢，苗期生长缓慢。因此播种后注意保持床土湿润，晴天早晚浇一次水，待幼苗出土后逐步揭去覆盖物。揭去覆盖物应在傍晚进行，并保持床土润湿。幼苗 1~2 叶时，进行第一次间苗，除去弱苗、杂苗、丛生苗。间苗后，每 10m² 施入腐熟人畜粪尿水 1:3（粪水:水），待幼苗 2~3 叶时，进行二次间苗，除去弱苗、杂苗，保持苗距 2~3cm，间苗后，每 10m² 施入复合肥 1kg，腐熟人畜粪尿水 1:2（粪水:水），3 叶 1 心时结合补水追施入腐熟人畜粪尿水 1:1（粪水:水），此时幼苗根系已经强大，水分不要过多，应保持土持水量 45%~50%，促进根系生长加速幼叶分化。幼苗 4 叶 1 心时，方可定植。

芹菜幼苗生长缓慢，苗期长，容易产生草害，除人工拔除杂草外，还可用残留期短的除草剂清除。播种前后，每亩床土用 48% 氟乐灵浮油 100~120mL，喷施地面。

（五）定植

大棚冬芹定植时间为 9 月上旬至 10 月上中旬。冬季栽培应适当增加基肥施用量一般每 667m² 施优质土杂肥 5 000kg，磷肥 50~100kg，碳酸氢铵 30kg，深翻耙平，做成宽 1.2~1.4m 的平畦或高畦，耙平畦面，准备定植。定植宜选阴天或下午进行。定植时边起苗边栽植，边栽植边浇水，以利缓苗。栽植深度以埋不住心叶为宜。合理密植，本芹按行距 10cm×10cm 栽植为宜；西芹行株距（50~60）cm×（20~25）cm。

五、定植后的管理技术

（一）温度管理

定植后及时扣膜保温。10 月下旬至 11 月上旬要及时扣棚，但此时气温仍较高，晴天大棚内中午温度高达 35℃，因此要及时通风降温。前期管理以温度控制为重点，维持棚温，白天 15~25℃，夜间不低于 10℃。11 月下旬以后，外界温度降至 6℃ 左右时，可将棚扣严，有寒流时夜间要加盖草帘防寒，每天早揭晚盖，重视保温。进入 12 月中旬以后，温度急剧下降，达 0℃ 以下时，夜间除盖 1 层较厚草帘外，可再加 1 层薄膜，防止冻害，以利继续生长。

(二) 水肥管理

定植初期气温稍高，土壤蒸发快，一般 3~4d 浇 1 次水，保持土壤湿润，连灌两次后松土。缓苗后可施少量氮肥提苗。定植后 1 个月，新根和新叶已大量发生，开始进入旺盛生长期，此时，每 667m² 施氮磷钾复合肥 10~15kg 或尿素 10kg，10d 追 1 次，连追 2~3 次。结合施肥灌水，保证根系正常吸肥吸水。促进地上部苗壮成长。到严寒冬季，放风量减少，棚内水分不易散失，要减少浇水次数和浇水量，防止湿度过大，发生病害。

(三) 中耕除草

定植后 1 个月内，应中耕 2~3 次，并结合中耕进行除草，中后期地下根群扩展和地上部植株已长大，应停止中耕。

(四) 喷洒激素，促进茎的伸长

芹菜以茎为主食，以生产叶柄长而脆嫩为目的。因此在收获前 20~30d，用 20mg/L 的赤霉素溶液喷洒，10d 后植株可明显增高，茎叶颜色白嫩，产量、品质得到提高，又增强了商品性能。

六、病虫害防治

芹菜生产上常见的病害主要是斑枯病、斑点病。

(一) 常见病害的防治

1. 芹菜斑枯病

症状 主要为害叶片，其次是叶柄和茎，是温室芹菜最主要的病害。叶片上初始出现淡褐色油浸状小斑点，扩大后，病斑边缘褐色，中间黄白色至灰色，边缘明显，病斑上有许多黑色小点，病斑外有黄色晕圈。叶柄和茎上的病斑为椭圆形，稍凹陷。

发病规律　冷凉高湿条件易发病。

防治方法　发病初期用霜疫清或特立克 600～700 倍液喷施，5～7d 喷 1 次，连喷 2～3 次。发病期喷用 75% 百菌清可湿性粉剂 500～800 倍液、70%DT 杀菌剂 600 倍液、50% 多菌灵可湿性粉剂 500 倍液、80% 代森锌可湿性粉剂 600 倍液或 1∶0.5∶200 的波尔多液。7～10d 喷 1 次，连喷 2～3 次。

2. 芹菜斑点病

症状　主要为害叶片，其次是叶柄和茎。叶片初病时产生黄色水浸状圆斑，扩大后病斑呈不规则状，褐色或灰褐色，边缘黄色或深褐色。叶柄及茎上病斑初为水浸状圆斑或条斑，后变暗褐色，稍凹陷。高温低湿时病斑有白霉，易被水冲掉，遇阳光也消失。

发病规律　昼夜温差大，夜间叶片结露；生长期间缺肥缺水，大水漫灌，空气湿度过大，生长不良等都容易发病。

防治方法　同斑枯病。

(二) 常见虫害的防治

1. 蚜虫

为害特征　全生育期都可发生，开始多集中于心叶部分吸食汁液，使叶片皱缩，叶柄不能伸展，严重时全株萎缩。

防治方法　随时观察，发现蚜虫及时防治。扣棚后可用敌敌畏 250～300g，掺锯末 500g 分散在小拱棚内数堆，用火点燃，密闭棚室熏一夜。蚜虫发生时可用烟雾剂 4 号，每 $667m^2$350g。

七、采收

一般于 11 月旬收获。收获时，植株直立，高度达到 70cm 左右，重量每株达到 1kg 以上。装入塑料袋内，保持鲜嫩。

第五节 芫 荽

芫荽又名香菜、胡荽，是人们经常食用的一种香辛味蔬菜，多以佐料调味食用。当前保护地栽培香菜，主要在温室、大棚利用边角冷凉部位，或与果菜类插空、间套作栽培，早春利用小拱棚短期覆盖栽培。

一、芫荽对保护地环境条件的适应性

（一）温度和光照

芫荽喜冷凉，耐寒能力较强，属长日照植物。它能耐 $-1 \sim 2$℃的低温，在一般条件下，幼苗在 $2 \sim 5$℃低温下，经过 $10 \sim 20$d，可完成春化。以后在长日照条件下，通过光周期而抽薹，适宜生长温度为 $17 \sim 20$℃，超过 20℃生长缓慢，30℃则停止生长。

（二）水分与土壤

要求较冷凉湿润的环境条件，在高温干旱条件下生长不良。芫荽为浅根系蔬菜，吸收能力弱，所以对土壤水分和养分要求均较严格，适宜在排水良好、疏松、肥沃、保水保肥性好的壤土上栽培。对土壤酸碱度适应范围 pH 值为 $6.0 \sim 7.6$。

二、芫荽的品种

芫荽有大叶品种和小叶品种。大叶品种植株高，叶片大，缺刻少而浅，香味淡，产量较高；小叶品种植株较矮，叶片小，缺刻深，香味浓，耐寒，适应性强，但产量稍低，一般栽培多选小叶品种。

主要品种有北京芫荽、山东莱阳芫荽、山东大叶等，不仅香味浓，而且抗逆性强。前两品种的株高在 30cm 左右，播后 $45 \sim 50$d 即可收获，后一品种的株高在 $50 \sim 60$cm，播后 $50 \sim 60$d 收获。

三、芫荽设施栽培技术

（一）芫荽秋季大棚栽培技术

大棚栽培芫荽一般9—10月直播，入冬前灌一次冻水，以利幼苗越冬，1月扣棚。

1. 种子处理与播种

芫荽的种子是双悬果，内有两粒种子，播种前要先搓开，播种时可进行干种子直播或催出小芽再播种，或用清水浸泡24h，再播种。

催芽时可将浸泡过的种子拌入4~5倍的细沙，每天翻动一次，经常保持细沙湿润，8~10d即可出芽，催芽播种可比直播的提前5d以上出苗。

播种前，土壤深耕后晒畦，每667m^{2}施入腐熟有机肥1 500~2 000kg，过磷酸钙10kg，复合肥5kg，整成宽1.0~1.2m的畦，每畦开5条浅沟，播种后覆土1cm，每667m^{2}地需播种量4~5kg。

2. 田间管理

播种后白天保持在20~25℃，夜间为10~15℃，出苗后白天为18~20℃，夜间为10℃左右，出苗后浇一次水，以后保持见干见湿的管理。采收前10余天结合灌水每667m^{2}追施硫酸铵30~40kg。

3. 收获

芫荽从幼苗到现蕾前可陆续收获，春季抽薹早，刚抽生的嫩薹仍有食用价值，但应在现蕾前收完。

（二）芫荽早春大棚栽培技术

芫荽的适应性较强，营养生长时期的植株既可度过酷暑，也能在简易覆盖条件下经受较长时间的严寒，但以日照较短，气温较低的秋季栽培产量高，品质好。芫荽短时间内可忍耐-8~-10℃的低温。在低温条件下，它的叶和叶柄颜色变紫，温度回升后仍可恢复正常生长，因此，它是种抗寒性较强的蔬菜，适宜春季露地覆膜抢早栽培，6 月 1 日左右收获。

1. 整地施肥

选择阴凉、土质疏松、肥沃、有机质含量丰富的沙壤土，深耕后晒畦，翻地深度一般在 25～30cm 左右，结合翻地施入农家肥 5 000kg 左右，最好秋季做好畦，整平耙细达到待播状态。

2. 播前浸种催芽

早春 4 月 5—10 日，将种子先用清水浸泡一昼夜，然后捞出控净水，以半湿不干状态较为适宜。催芽时要把种子装入塑料盆里，盆上不要盖，便于充分通气。放于室内背阴处（室温 20℃）催芽期间每天至少翻动两次，否则容易芽干。这样经过 7～10d 芽即可出齐。

3. 适时播种

芫荽芽齐整后，于 4 月 15—20 日播种，采用畦条播，每 667m² 用种量为 5kg，要求播前浇透底水，播后用耙子搂土盖严，覆盖农膜。

4. 播后管理

（1）通风 农膜管理当气温超过 15℃，光照强，8 时左右揭开，15 时再苫上农膜。防止烤籽烤苗。

（2）浇水 香菜生产旺季气温较低，如果浇水过勤过大，也会降低温度，影响植株生长，原则不旱不浇，前期少浇，后期略多。保持土壤湿润。

（3）追肥 最好不追肥，如果底肥不足可在收获前 10d 左右进行根外追肥。喷施尿素，浓度为 1.5%，可喷 2 次。

5. 及时收获

香菜从播种到收获需要 50～60d 左右，一般 5 月 25 至 6 月 5 日一次收获。667m² 产量可达 1 250kg 左右，价格好、高产高效。

第六节 茴 香

茴香又称小茴香、相思苗、相思菜等。以嫩茎叶供食用，脆嫩鲜美，别具风味。我国北方主要把茴香作调味品或馅食。其果实也可作香料或药用。保护地生产的茴香，可以周年供应。

一、茴香对保护地环境条件的适应性

茴香喜冷凉潮湿气候，既耐寒又耐热、种子发芽适温为 16～23℃，生长发育适温为 15～18℃，可耐短时间的－2℃的低温，超过 24℃生长不良，空气相对湿度 60%～70%时，生长良好。

茴香比较耐弱光，对土壤的适应性较强，但以保水保肥力强的肥沃壤土为佳，需氮肥和水分较多。

二、茴香的品种

茴香有大茴香、小茴香和球茎茴香 3 种。春季栽培多选用小茴香，秋冬栽培选用大茴香或球茎茴香。大茴香株高 30～45cm，全株有 5～6 片叶，叶柄长，生长快，抽薹较早，在山西、内蒙古等地栽培较多。小茴香植株较矮，株高 20～35cm，全株有 7～9 片叶，叶柄较短，生长较慢，抽薹迟，小茴香按种子形状又有圆粒种和扁粒种之分。圆粒种生长期较短，抽薹较早，产量较低。扁粒种适应性强，抽薹迟，再生能力强，产量较高，京、津、冀、鲁地区生产上多用扁粒种。此外，还有一种球茎茴香，其茎的上部叶鞘处膨大成球状。现在栽培的球茎茴香品种主要引自意大利、美国和日本。

三、茴香设施栽培技术

（一）茴香早春大棚栽培

早春在大棚内种植茴香，作为大棚春茄子、番茄、甜椒等果菜类蔬菜的前茬，生长迅速，效益高。其关键栽培技术措施如下。

设施蔬菜生产经营

1. 品种选择

茴香一般选择生长快、耐寒、抗病、产量高的品种，如内蒙古的大茴香、割茬小茴香等。

2. 施肥整地作畦

每667m² 施用优质腐熟农家肥 3 000kg 以上，过磷酸钙 100kg 或磷酸二铵 15~20kg，普施地面，深翻耙细作畦，畦宽 1.2m，搂平畦面。

3. 播种

一般在大寒前后播种。早的可于小寒播种，虽出苗期与大寒播种的差不多，但出苗后幼苗健壮，生长快，可提前 7d 收获，经济效益明显提高。最晚立春节前播种。播种量一般每 667m²8~10kg 左右。

（1）种子处理　茴香可干籽直播、浸种播和催芽播。大棚春季栽培一般干籽直播或浸种播，如播期晚可催芽播种。①浸种播：用 18~20℃清水浸泡 24h；②催芽播：将浸泡过的种子，放在 20~22℃环境中催芽，每天用清水冲洗 1 次，以洗去黏液，6d 左右可出芽。茴香适于密播，畦作撒播，每 667m² 的播种量 2~3kg。

（2）播种　播种当天，先在整平的畦上浇足底水，均匀播种。播后筛撒盖土厚 1cm。

4. 田间管理

播种后，立即在棚内距棚膜 30~40cm 处吊挂一层塑料薄膜天幕，膜厚 0.010~0.012mm，可增加棚内温度 2~4℃。

（1）温度管理　播种后至出苗前，密闭大棚保温防寒。茴香出苗后，苗高 7~8cm 时开始放风，一般上午超过 22℃时放风，下午低于 20℃时关闭风口；中期早晨 8~9℃时放风，一直到下午 20℃时关闭风口；后期外界最低气温超过 3℃时昼夜通风，白天风口要大，夜间风口要小白天最高温度不能超过 24℃，否则茴香易干尖。

（2）水肥管理　苗高 20cm 左右时，浇水 1 次，水量适中，结合浇水，亩追施尿素 10~15kg。

5. 采收

植株高达到 10cm 时，每 667m² 追施硝酸铵 10kg，灌水 1~2 次后，即可收获，一次性收完，一般 667m² 产量达 1 500~2 000kg，667m² 最高产量可达 3 000kg 以上。

（二）日光温室球茎茴香栽培技术

1. 栽培季节与品种

日光温室一般 9 月上旬至次年 1 月上旬育苗，10 月中旬至次年 2 月下旬定植，1 月上旬至 5 月下旬收获。根据球茎茴香的球茎形状有扁球形和圆球形两种类型。

2. 育苗

球茎茴香的壮苗标准是苗龄一般 40~50d，苗子长到 5~6 个真叶，叶片厚实，根系发达，无病虫害。

（1）种子处理　选择饱满均匀的种子，温暖阳光下晾晒后备用。播种前将种子搓一搓，用 20℃ 左右的清水泡 20~24h，放在 20~22℃ 的环境中催芽，每天用清水冲洗 1 次，6d 左右可出芽。

（2）苗床准备　每平方米苗床使用细碎农家肥 5kg，磷酸二氢钾 50g，肥料与土混合，将苗床整平。也可采用营养钵育苗或穴盘无土育苗。

（3）播种　播种前苗床浇透水，然后在苗床上以行距 6~10cm，株距 4~8cm，将种子播入，然后覆盖配置的过筛营养土，厚度以 0.5~1cm 为宜。

（4）播后管理　播种后至出苗前，苗床温度掌握在 20~23℃，深秋季可扣小棚保温保湿，秋季可用遮阴网遮阴降温，出苗后适当降低温度，保持 15~20℃。并根据苗床情况酌情浇水，若过干，则宜小水慢浇，苗床宜保持湿润状态。在温度高的情况下，浇水过多易徒长，可适当控水，以利培育壮苗。

3. 定植

（1）施肥整地　定植前每 667m² 施腐熟农家肥 3 000kg 左右，深翻耕耙后，做畦宽 1.2~1.5m，畦内做 2~3 个小高畦，畦高

10cm，也可以做平畦。

（2）定植 定植前一天，苗床内浇透水，以利起苗。按行距50cm，株距20~25cm定植，每667m² 为5 000~6 000株。定植时小苗带土，挖穴后将土坨埋入，然后浇透水。

4. 田间管理

（1）温度管理 定植后缓苗前，密闭棚室不放风，温度控制在20~30℃，缓苗后控制在18~20℃，夜间为10~13℃。

（2）中耕除草 球茎茴香属于浅根性蔬菜，因此，在中耕除草时，要避免碰伤根部。在土壤疏松不板结的情况下，不必除草，可用人工拔草。在叶鞘肥大期，最好结合培土进行最后的一次中耕。后期植株较大，封垄后停止中耕。

（3）水肥管理 幼苗成活后，生长初期，幼苗生长缓慢，需水量不大，应在适当浇水后进行浅中耕，保持田间土壤湿润状态，使表土较干燥，也就是上干下湿。

当株高25cm时，球茎茴香开始进入生长旺盛期，此时追肥、浇水一次，每667m² 施尿素15kg。随后进入叶鞘肥大盛期，浇水追肥1次，每667m² 追施氮、磷、钾复合肥20kg，促进植株的生长和球茎的膨大。

5. 采收

球茎茴香的球茎重达250g以上时，即可陆续采收，采收时将整株拔出，将球茎的根削去，将上部细叶柄连同老叶一同削去，只留球茎。

第七节 茼 蒿

又名蓬蒿、蒿子秆、春菊等。以嫩茎、叶、嫩花茎供食用。炒食、凉拌、作汤均宜。茼蒿原产地中海，适应性强，栽培容易，保护地可以周年生产。

一、茼蒿对保护地环境条件的适应性

（一）温度

茼蒿为半耐寒蔬菜，喜冷凉温和气候，不耐热，在 10~30℃ 的范围内均能生长，生长适温为 18~20℃，在 12℃ 以下和 29℃ 以上生长缓慢，能耐短期 0℃ 的低温，种子在 10℃ 即可正常发芽，发芽适温为 15~30℃。

（二）光照

对光照条件要求不严格，较耐弱光，属于长日照作物，高温长日照引起抽薹开花。

（三）水分

茼蒿属浅根性蔬菜，生长速度快，单株营养面积小，要求充足的水分供应，土壤需经常保持湿润，土壤相对湿度为 70%~80%，空气相对湿度为 85%~95% 条件，适宜茼蒿生长。

（四）土肥

对土壤要求不严，但以肥沃的砂壤土为宜，土壤 pH 值适宜范围为 5.5~6.8，由于生长期短，且以茎叶为商品，故需适时追施速效氮肥。

二、茼蒿的品种

茼蒿依叶的种类分为大叶种、中叶种、小叶种。

（1）大叶茼蒿　叶片宽大，叶缘缺刻少而浅，叶肉厚，嫩茎短促，香味浓，品质好，产量高，抗寒力差，比较耐热，生长较慢，以食叶为主。

（2）中叶茼蒿　叶片较大，叶缘缺刻比大叶茼蒿多而深，耐热和耐寒性均较强，生长缓慢，产量较高，以嫩茎和叶片食用。

（3）小叶茼蒿　叶小，叶形细碎，叶缘缺刻深，产量较低，比较耐寒，生长期短，以食用嫩茎为主。

三、茼蒿设施栽培技术

华北地区春夏秋三季均可露地栽培茼蒿，夏季因温度高，产量低、品质差，栽培较少。冬季可利用塑料大棚或日光温室进行保护地栽培。

春季为了提早上市，可在小拱棚 2 月下旬或 3 月上旬播种，出苗后去除覆盖物。秋播在 8—9 月播种，冬播在塑料大棚内 12 月至翌年 1 月播种，在日光温室里，10 月至翌年 2 月随时均可播种。栽培要点如下。

1. 浸种催芽与播种

播种前 3d 种子温水浸泡 24h，洗后稍晾一下，放在 15~20℃条件下催芽，每天用清水冲洗 1 遍，3~5d 即可出芽。

干籽播种和催芽播种都可以采用条播。条播时，在畦内按 15~20cm 开沟，深 1cm，在沟内浇水，水下渗后在沟内撒籽覆土。撒播时，先隔畦在畦面取土 0.5~1cm，至于相邻畦内，把畦面整平，浇透水，水下渗后即可撒播种子，再用取出的土均匀覆盖 1cm 厚。

2. 播后管理

（1）水肥管理　播种后出苗前保持土壤湿润，以利于出苗。出苗后应控制水分，保持地面见干见湿。苗高 3cm 时开始浇头遍水，苗高 10~12cm 时追第一次肥，以后每采收一次追施一次，每 667m² 每次用尿素 15~20kg，全生育期浇 2~3 次水，施两次肥。

（2）温度管理　播后温度可稍高，晴天白天为 20~25℃，夜间为 10℃，注意防止高温危害。

（3）间苗　在幼苗长到 1~2 片真叶时进行间苗，并拔除杂草，撒播的苗距以保持 4cm 见方为宜。

3. 采收

茼蒿的一次性采收在播后 40~50d，苗高 20cm 左右时，贴地面割收，多次采收时，在主茎基部留 2~3cm 割下，促使侧枝发生，经 20~30d 可再次收获。每次采收后进行追肥浇水。

第八节　莴笋栽培技术

莴笋是一种以茎用为主又兼叶用的莴苣，其茎有大如笋，故称莴笋。莴笋茎质脆、味美，是人类常用的蔬菜。莴笋适应性强，好栽培，产量高、效益可观，一般 667m² 产量达 2 000kg，每 667m² 产值 3 000~4 000元。因地制宜，积极推广莴笋是提高耕地利用率和综合生产能力，增加农民收入的有效途径。

一、莴笋类型及品种

（一）类型

莴笋的品种很多，大致有尖叶、圆叶两类。尖叶莴笋叶披针形，先端尖、叶簇小，节间稀，晚熟，苗期较耐热，可作秋季栽培或越冬栽培。圆叶莴笋叶长卵形，顶部稍圆，早熟、耐寒，不耐热，品质好，多作越冬栽培。在圆叶与尖叶类型中，不同品种又有早熟、中熟、晚熟之别。早熟品种生长期短，叶片开展度小，叶茎比值小，产量低，而晚熟品种恰恰相反。也有依茎色分为青笋、白笋两类。一般早熟种皮、肉色绿，而晚熟者皮、肉为绿白色或白色，早熟种感温性强，在月平均温度 20℃ 以上时易抽薹，纤维多，品质差，作春笋栽培效果好；晚熟种对高温不敏感，抽薹晚，温度升到 24~26℃ 时，仍有一定产量，故秋栽效果好。莴笋呈长光照反应，且随着温度的升高，发育速度加快，尤以早熟种比中熟种，中熟种比晚熟种更甚。所以，根据栽培目的，因地制宜，选择适宜品种是获得丰产的前提。特别是秋季栽培时，更应选择晚熟类型。

（二）常用品种

国内莴笋常用品种有：尖叶莴笋、紫叶莴笋、桂丝红、圆叶莴笋、二白瓜密节巴莴笋、尖叶鸡腿笋等 10 个品种。

（1）尖叶莴笋（柳叶笋）　生长健壮，株高 50~60cm，开展度 50~60cm。叶呈宽披针形，长约 30cm，宽 8~10cm，叶面有皱纹。茎呈棒状，白绿色，长 33~50cm，横径 5~6cm，单株重 500多 g，大者 1~1.5kg。中熟，肉质脆，水分多、品质好、产量高，但抗霜霉病力差。较耐寒，苗期耐热，可春、秋两季栽培。

（2）圆叶莴笋　属早、中熟品种，夏播定植后 35d 采收，秋播定植后 50d 采收。株高 50cm，开展度 40cm。叶倒卵圆形，叶面光滑，肉质茎棒锤形，长 25cm，横径 6cm，皮白绿色，肉绿白色，质地脆嫩，单株重 0.8kg，最大 1.5kg。抗病性较强，耐热，夏秋季栽培，不易抽薹，每 667m^2 产 3 500~5 000kg。春莴笋 10 月下旬播种，夏秋莴笋 7 月上旬至 8 月上旬播种，冬莴笋 8 月下旬播种。

（3）紫叶莴笋　株高 40cm，开展度 55cm，叶片披针形，长42cm，宽 14cm，叶面多皱，苗期叶片成株的心叶及大叶片的边缘为紫红色，大叶片的其他部分为淡绿色。茎棒状，一般长 51cm，横径 6cm，外皮白色，单个重 1kg 左右，中晚熟，较耐热，抽薹迟，抗霜霉病力强，肉质脆，水分较少，品质好。春季栽培较多，夏秋季也可种植。

（4）桂丝红　又叫洋棒莴笋。作越冬莴笋栽培时，春季生长迅速，茎部肥大快，比尖叶白笋提前 10~15d 上市。桂丝红叶片倒卵圆形，绿白色，嫩叶边缘微带红色，叶表面有皱褶，茎皮色绿，叶柄着生处有紫红色斑块，茎肉绿色质脆。单株重 0.5kg 左右。耐寒性和抗病性均较强，不耐热，抗旱力中等，耐肥，不易抽薹。秋播作过冬春莴笋栽培，也可作冬莴笋栽培。春莴笋一般在白露至寒露播种，立冬至小雪定植，春分后开始采收。科莴笋在立秋、处暑间播种，寒露后收获。

（5）绿叶莴笋　叶片长椭圆形，淡绿色，叶面皱缩，节间较密。笋棍棒形，茎皮绿白色，长 30~50cm，横径约 6cm，肉质地脆嫩，单笋重约 600g。抽薹晚，适应性强，亩产 3 000kg 左右。

二、栽培季节及播种期

莴笋的主要栽培季节是春季和秋季，现在由于保护措施日趋完善，栽培技术不断提高，基本上可以不受季节限制，周年供应。按其收获期可将其分为春莴笋、夏莴笋、秋莴笋和冬莴笋 4 类。

1. 春莴笋

春莴笋是指春节收获的莴笋，要求供应期尽量提早，以缓解春淡蔬菜市场供需矛盾。这茬莴笋一般采用露地栽培，如能利用塑料棚温室栽培，可使采收期比露地早 1 个月左右，效果更好。春莴笋播种期一般在 9 月下旬至 10 月上旬，定植期在 10 月下旬至 11 月下旬，收获期在 3 月下旬至 4 月上旬。

2. 夏莴笋

夏莴笋是指 6—7 月收获的莴笋。这茬莴笋生产中存在的主要问题是未熟抽薹，过早抽薹的莴笋，肉质茎发育不良，细而长，商品性差，产量低。所以应尽可能在阴凉地栽培。夏莴笋播种期一般在 2 月下旬至 3 月中旬，定植期在 4 月上旬至 4 月下旬，收获期在 5 月下旬至 7 月上旬。

3. 秋莴笋

秋莴笋是指夏播秋收的莴笋。这茬莴笋除有未熟抽薹现象外，主要问题是播种育苗期正处高温期，种子必须经过低温处理才能迅速发芽。秋莴笋播种期一般在 7 月下旬至 8 月上旬，定植期在 8 月中旬至 8 月下旬，收获期在 9 月中旬至 10 月上旬。

4. 冬莴笋

冬莴笋是指秋播冬收的莴笋。其播种期和收获期均比秋莴笋晚，但播种育苗期温度仍然偏高。收获期晚，遇到 0℃ 的低温后容易受冻。一般播种期在 8 月中旬至 8 月下旬，定植期在 9 月上旬至 9 月下旬，收获期在 11 月下旬至 12 月下旬。

夏莴笋和秋莴笋生产中出现的未熟抽薹现象，主要原因是感温性强的品种，受高温影响所致。为避免未熟抽薹，提高夏、秋莴笋产量品质，必须选用感温性弱的品种，如尖叶莴笋、紫叶莴笋和圆叶莴笋。

三、育苗与移栽

（1）苗床及移栽土壤选择 莴笋根系较强健，但分布浅，主要集中在 20cm 左右的土层中，对深层肥水吸收能力较弱，而它的叶面积又大，因此应选择地势平坦，土质肥沃、保水力强的土壤作为苗床和移植地。

（2）苗床和移植地整理 苗床和移植地在施足有机肥料作底肥的基础上，深耕耙细，使土粒细小均匀一致，土壤疏松平整，通透性好，便于笋苗发育生长。

（3）种子低温处理 春莴笋、夏莴笋和秋莴笋无须进行种子处理。仅秋莴笋播种期正值高温期，不仅对发芽不利而且常因胚轴灼伤而引起倒苗。

所以秋莴笋种子进行低温处理具有促进出苗的效果。低温处理时，把种子同沙布包好放在水缸处阴凉处，每天用井泉凉水冲洗 2~3 次，在 5~10℃ 中处理 2~4d，在 10℃ 中处理 3~4d 就会发芽露白或将种子用沙布包好，放进电冰箱的冷藏室最下层，24h 后用清水冲洗一次再放入冰箱，一般 48h 种子就发芽露白。当大部分种子发芽露白后，立即落水湿播。

（4）播种 苗床播种量一般为每 $667m^2$ 0.6kg，每 $667m^2$ 苗床，可供（15~20）m×667m 地栽植。采用撒播法播种，干籽趁墒播或落水湿播均可。干播时苗床整好后均匀撒入种子，浅锄搂平，轻踩一遍，使种子土壤紧密结合，然后再轻搂一遍，使表土疏松，既有利于保墒，又有利于幼苗出土。落水湿播时，先在苗床淋水（最好淋腐熟人畜粪尿水），水渗透土壤后，均匀撒入种子再覆盖一层细土厚约 0.5cm。秋莴笋应选择阴天或晴天下午播种，播种后用草帘覆盖，既能保持土壤水分，又能防止阳光直射；避免温度过高。开始出苗后于傍晚或阴天揭开草帘，切忌晴天上午揭开草帘以避免笋苗被强光晒死。

（5）苗床管理 苗床管理主要是间苗和肥水管理。出苗后要及时分多次间苗，在 3~4 片真叶时再分苗一次，使苗距保持 4~

7cm。笋苗间距大，个体发育好，生长健壮，移植后苗床遇旱要及时浇水，保持苗床湿润。笋苗达2片真叶时结合间苗可追施一次腐熟稀薄人畜粪尿水。

（6）移栽定植 春播和秋末冬初播种莴笋，一般在播种后40d左右，笋苗具有6片真叶时移栽。夏播和秋播莴笋一般在播后30d左右，笋苗具有3～5片真叶移栽。移栽定植田地在施足有机肥基础上，每667m² 施复合肥60kg，采用深沟高垄栽培。栽植深度以淹没根茎为度，过深不易发苗。选择阴天或晴天下午移栽定植，提倡带土移栽，尽量少伤根，以利笋苗生长发育。移栽定植后及时浇稳根水，直至苗活为止。移栽株行距一般为35cm×35cm。

四、田间管理

莴笋喜湿润，忌干燥，管理不当时，植株细瘦，产量低，品质差，甚至会过早抽薹，失去食用价值。实践证明，养分不足，水分过多或过少等都是造成产量低，品质差的主要因素。因此，加强肥水管理是提高莴笋产量，增进品质的主要措施。

（一）科学施肥

（1）定植成活后 轻施一次速效肥，每667m² 用尿素5kg对水施或用稀淡腐熟人畜粪尿水施，以促进根系发育，笋苗快速生长。

（2）当叶片田直立转向平展时 结合浇水，重施开盘肥，每亩施尿素20kg。

（3）当嫩叶密集，茎部开展膨大时 结合浇水，每亩施尿素30kg或施足人粪尿，促进发叶、长茎。

（二）合理管水

（1）移栽定植后，经常浇水，保持土壤湿润，直至苗成活。

（2）定植成活后，结合施肥浇水一次。

（3）当叶由直立转向平展时，结合施肥浇水一次。

（4）当嫩叶密集，茎部开始膨大时，结合施肥浇水一次。总之，莴笋喜湿润，忌干燥。在莴笋整个生长发育过程中，都要经常管水，始终保持土壤湿润。土壤既不能干旱，也不能积水。

（三）适时喷施增产素

在茎部开始彭大时，用 0.05%~0.1% 比久溶液或 0.6%~1% 矮壮素溶液或 0.05% 多效唑溶液喷施叶面 1~2 次，可推迟莴笋抽薹，增产 30% 以上。因此，适时喷施增产素是提高莴笋产量的重要措施，应积极推广。

（四）及时防治病虫

莴笋主要病害是霜霉病，春、秋均可发生，尤以当植株封垄后，雨多时发生严重。除适当摘除下部老叶、枯叶，加强通风透光外，亦应及时喷施波尔多液或多菌灵等农药防治。

五、适时采收

由于莴笋在肉质茎伸长的同时就已形成花蕾，很快抽薹开花，所以采收期很集中。若迟收则因耗费肉质茎内的养分，不仅茎皮粗厚，不堪食用，也易空心；若采收过早，产量又低。一般在花蕾出现前，当心叶与外叶相平时，采收为宜。此时肉质茎膨大伸长基本结束，质地脆嫩，品质好，产量高。

六、留种

莴笋属菊科，1~2 年生作物，在短日照下开花迟，故多用春莴笋留种。

留种应选无病、抽薹晚、茎粗、节短、无旁枝，不开裂的植株作种株。生长期内遇湿极易发生腐烂，因此应选择高燥、排水良好处作留种地。种株间应保持较大距离。留种时一般先按普通食用莴笋密植，之后再行隔行采收留种，种株抽薹后设棍棒支柱护株防倒伏。当种子上面带有白色毛，果皮呈灰白色，要及时整株割下，晒干，搓出种子簸净贮藏。宜将其妥贮于通风干燥处。

第七章　菜豆与香椿生产技术

第一节　菜豆的设施生产

菜豆是豆科菜豆属一年生缠绕性草本植物，又名四季豆、芸豆、刀豆等。

一、菜豆对环境条件的要求

1. 温度

矮生菜豆品种比蔓生品种的耐低温能力强些。生长期的适温为10~25℃，以18~20℃最为合适。种子发芽适温为20~25℃，开花结荚期适温为18~25℃。地温低于10℃不能发芽，气温高于32℃发育不正常，气温低于0℃时停止生长并受冷害。日光温室栽培有时又会出现因温度过高而引起灼伤叶的情况。菜豆从播种到开花所需要的有效积温是，矮生品种700~800℃，蔓生品种860~1 150℃。

2. 光照

菜豆喜强光，菜豆的光补偿点为1 500lx，光饱和点3.5万lx，光照不足易引起落花落荚。大多数品种对日照时间长短的要求不太严格，但少数品种对日照时间有一定的要求，如不能满足就会影响花芽分化。

3. 水分

菜豆耐旱不耐涝，要求土壤湿润疏松，如果土壤水分过大，含氧量低，植株叶片就会黄化、脱落，生长不良。开花结荚期对水分最为敏感。空气相对湿度在80%左右为宜，空气湿度过大时，花粉不能正常发芽,落花严重。

4. 土壤

菜豆对土壤要求不太严格,但以质地疏松、排水良好的壤土为好。土质黏重根系发育不良,植株不发棵。以 pH 值为 6~7 的中性土壤为好。菜豆根系虽有固氮作用,但栽培中仍需施足氮肥。矮生菜豆生长期短,肥料充足对增产有着重要作用。菜豆喜钾,磷次之。但在大多数情况下,只要氮肥充足,不必另外专门施用钾肥。施用硼、钼对提高菜豆产量和品质有一定作用。

二、栽培季节及茬口安排

菜豆一年四季均可进行栽培。在日光温室生产中有秋冬茬、冬春茬和塑料大棚春早熟三种栽培方式。目前经济效益较好的栽培方式是秋冬茬。

(1)春早熟 2 月中下旬在日光温室内育苗,3 月上中旬定植,4 月中旬采收。

(2)秋冬茬 8 月中旬播种,9 月中旬定植,10 月下旬采收。

(3)冬春茬 10 月中旬播种,11 月上中旬定植,翌年 1 月上旬采收。

三、菜豆的品种选择

目前,日光温室生产中栽培的菜豆品种有矮生种和蔓生种两种类型。

(1)矮性种(有限生长型) 植株矮生,株高 35~60cm,茎直立。主蔓长到 5~7 节后,茎生长点出现花序封顶,从主枝叶腋抽生侧枝,形成低矮株丛,有利于间、套作。生长期短、早熟,播种至采收 40~60d,90d 可收干豆,供应期 20d,产量较低,品质较差。比较优良的品种有上海矮圆刀豆、法国菜豆、供给者、施美娜,江苏 81-6、1409,杭州春分豆等。

(2)蔓性种(无限生长型) 茎生长点为叶芽,分枝少,较晚熟，每茎节叶腋可抽生侧枝或花序，播种后 50~70d 采收嫩荚，采收期 40~50d，产量较高，品质佳，种子有黑、白及杂色。比较优良的品种杭州洋刀豆、上海黑籽菜豆、江苏 78-209、长白 7 号、南京白籽架豆、黑籽架豆、青架豆、广东紫花刀豆等。

四、整地施肥与播种

(一) 整地施肥

每 666.7m² 施有机肥 3 000~4 000kg，普通过磷酸钙 40~50kg，磷酸二铵 20~30kg。将基肥一半全面撒施，一半按 55~60cm 行距开沟施入，沟深 30cm，肥土充分混匀后顺沟施，并浇足底水，后填土起垄，垄高 15~18cm，上宽 10~15cm。

(二) 播种

(1) 种子处理　经过挑选的种子晾晒 12~24h 后，用 1% 的福尔马林溶液浸泡 20 分钟。取出种子，用清水冲洗后晾干。播种前再用 0.5% 的硫酸铜水溶液浸种 1h，促进根瘤菌的发生。

(2) 播种　播种时，垄上穴播，掌握前密后稀，矮生种平均穴距 20cm，蔓生种平均穴距 25cm。开穴后，穴内稍浇些水，然后撒入一点细土，每穴撒上 2.5% 敌百虫粉 0.25g，而后点播，每穴播 3~4 粒（蔓生）或 4~5 粒（矮生），覆土 3~5cm 厚。蔓生种亩播量 3.5~4kg，矮生种 10~12kg。冬季播种为了增温保墒，促进出苗降低空气湿度，最好盖上地膜，出苗后再开口放苗。

五、播后管理

(一) 温度管理

播后地温 20℃ 有利于出苗，地温和气温（外温低于 15℃）不足时，应及时扣膜，扣膜后白天气温保持 20℃ 为宜，超过 25℃ 要放风。夜间保持 15℃ 以上，不足时要及时加盖草苫、纸被等保温设备。

（二）间苗、定苗

出苗后第一片基生叶出现到三出复叶出现前是间、补苗适期。间去病、残、弱苗，选留生长健壮，无病虫害，子叶完整的苗。每穴留3株（蔓生）或4株（矮生）。苗不足时，应在苗小时及时补栽。

（三）施肥浇水

施肥浇水应掌握"苗期少，抽蔓期控，结荚期促"的原则。具体就是"幼苗出土后浇一次齐苗水，此后适当控水。3~4片真叶时，蔓生品种结合插架浇一次抽蔓水，每667m² 追硝酸铵15~20kg，或硫酸铵25~30kg。以后一直到开花前是蹲苗期，要控水控肥。

第一花序开放期一般不浇水，缺水时浇小水。一般第一花序的幼荚伸出后可结束蹲苗，浇头水。以后浇水量逐渐加大，宜保持土壤相对湿度的60%~70%。每采收一次浇一次水，注意要避开花期。两次浇水中有一次要顺水冲入化肥，每次每亩施硝酸铵15~20kg。天气冷后，浇水宜适当减少，浇水不要超过种植水。

结荚期间，每采收1次豆荚，应浇水追肥，每667m² 蔓生菜豆甩蔓时追尿素15kg左右，也可在坐荚后，用0.2%的磷酸二氢钾。

（四）中耕除草

幼苗出齐后，应及早定苗，同时进行中耕培土，使土壤疏松，有利保墒和提高地温，促进根系生长。从定苗到开花前，每6~7d可中耕1次，中耕要深和细，不要伤根，结合中耕要经常培土，以便根茎部多生侧根，提高地温，保持土壤水分，并可控制杂草滋生。

（五）植株调整

蔓生品种长有4~8片叶开始抽蔓时，结合浇抽蔓水插入字架或篱壁，注意在距离棚顶20cm打顶。矮生品种不必插架。时入结果后期，要及时打去植株下部病老黄叶。

（六）菜豆落花落荚的原因及防治

1. 菜豆落花落荚的原因

（1）环境因素 花期、结荚期遇到不适的环境条件，影响花器发育，产生落花落荚。

①温度：温度是决定落花落荚的主要因素。花粉发育期间，特别是花粉母细胞减数分裂时，如遇高于28℃的高温或低于13℃的低温条件，使得花粉母细胞减数分裂发生畸形，少数花粉母细胞解体，不能发育成花粉粒，从而降低甚至丧失花粉生活力。菜豆前期发芽分化、开花结荚时正值低温季节，生长后期正遇高温天气，都会导致大量落花落荚。

②湿度：空气湿度、土壤湿度对菜豆开花结荚有很大影响。菜豆生长发育过程中对土壤水分消耗量大，对空气湿度要求较少。花期浇水过多，空气湿度大，土壤积水导致花粉不能破裂发芽，影响花粉发芽力。土壤或空气干旱会破坏小孢子体的倍性及碳水化合物的新陈代谢，导致花粉成畸形，不孕或死亡，从而发生大量落花落荚。棚室栽培菜豆要防止土壤干旱或积水，进行合理通风，加强管理。

③光照：菜豆花芽分化后，光照过弱时，光合作用下降，植株同化能力减弱，同化量减少，花器发育不良，落花落荚现象严重。菜豆花期连续阴天多雨会引起大量落花落荚。

（2）营养因素 对落花落荚有很大影响。从出苗到开花结荚后期，各器官间存在争夺养分的竞争。特别开花结荚期，是营养生长与生殖生长并行时期，此时必须协调好二者间关系，保证养分均衡。

①花期浇水过多，早期偏施氮肥，植株营养生长过旺，花、幼荚养分供应不足，而导致落花落荚。②密度过大，植株间相互遮阴，通风、透光条件差，也会导致植株徒长而出现落花落荚。③夜温过高，植株呼吸作用增强，消耗过多养分，而导致养分供应不足，出现落花落荚。④支架不及时，不稳固或采收不及时，采收时

扯断茎蔓，导致刚开的花或嫩荚落下。⑤生长后期，肥水供应不足，植株早衰长势下降，也会引起落花落荚。

（3）病虫害　当大棚气温20℃，高湿时易发生病害。苗期、成株期均可发病，特别是开花结荚期，先浸染开败花，后扩展到荚果，病斑由淡褐色到褐色，呈软腐，然后脱落。害虫蛀食菜豆的花蕾、豆荚，造成落花落荚。

2. 菜豆落花落荚的防治措施

（1）适期定植　棚室栽培菜豆采用地膜覆盖技术，不但可以提高地温，促进根系生长，提早开花，还可以降低空气湿度，减轻病虫害发生，防止落花落荚。

（2）合理密植，及时搭架或吊绳，清洗棚膜，以增强通风透光能力。

（3）防止温度过高或过低　开花结荚期，保持白天在20~25℃，夜间为15~20℃，温度过高要及时通风。随着外界温度增高，可逐渐增加通风量和通风时间。当外界最低气温达15℃，可昼夜通风。

（4）加强肥水管理　苗期、花期以中耕保墒为主，当第一花序上的豆荚达3~5cm时，开始追肥浇水，每667m² 追施尿素15~20kg，结荚盛期需勤浇水追肥，保持土壤湿润。

（5）及时采收　防止采收过晚。前期、后期3~4d采收一次，盛期1~2d采收一次，采收后注意肥水供应。

（6）结荚后期，及时打老叶、黄叶、病叶，增加通风透光能力，减少养分消耗。

（7）加强病虫害防治，采用多种措施并举，综合防治病虫害。

六、菜豆病虫害防治

常见病害主要有炭疽病、锈病、病毒病等。常见虫害主要有蚜虫、豆螟等。

（一）常见病害的防治

1. 枯萎病

为害症状　叶片沿叶脉两侧出现不规则形褪绿斑块，然后变成黄色至黄褐色，叶脉呈褐色，触动叶片容易脱落，最后整个叶片焦枯脱落。病株根系不发达，容易拔起。轻病株常在晴日或中午萎蔫，严重时植株成片死亡。

发病条件　发病最适温度 24～28℃，相对湿度 80% 以上，一般雨后晴天病情迅速发展。

防治方法

（1）播种沟施药，每 667m² 40% 多菌灵悬浮剂 2.5kg 或 25% 多菌灵可湿性粉剂 3kg，对适量水浇沟内，渗下后播种覆土。田间出现零星病株灌浇药液时，可用 50% 多菌灵可湿性粉剂或 50% 甲基托布津可湿性粉剂 400 倍液，20% 甲基立枯磷乳油 1 200 倍液，10% 双效灵水剂 250 倍液，50%DT 可湿性粉剂 400 倍液，喷淋病株，使药液沿茎下流入土，湿润茎基部土壤，喷淋间隔 10d。

2. 菜豆炭疽病

为害症状　子叶受害，病斑为红褐色近圆形凹陷斑，叶上发病呈褐色多角形小斑，茎上病斑为条状锈色斑，凹陷或龟裂常使幼苗折断，荚上病斑暗褐色，近圆形稍凹陷，边缘有深红色晕圈，潮湿时，茎、荚上病斑分泌出肉红色黏稠物。

发病条件　气温在 14～17℃ 的低温和接近 100% 高湿环境是发病的适宜条件。播种时多雨，扣膜前露水加上低夜温、扣膜后高湿低温，都可能引起该病大发生。

防治方法

（1）农业防治　与非豆科作物实行 2 年以上的轮作；选地势高燥，排水良好，偏沙性土壤栽培。从无病豆荚上采种。

（2）药剂防治 50% 多菌灵可湿性粉剂 500～800 倍液。或 50% 代森铵水剂 800～1 000 倍液，7d1 次，连喷 3 次。

3. 菜豆细菌性疫病

菜豆细菌性疫病又称火烧病、叶烧病，全国各地均有发生。

为害症状　以为害叶片和豆荚为主。棚内空气潮湿时，病部常分泌出一种淡黄色菌脓，干燥后病斑表面形成白色或黄色的薄膜状物。带病种子萌芽抽出子叶多呈红褐色溃疡状，接着病部可向着生子叶的节上或第一片真叶的叶柄处，乃至整个茎基扩展，造成折断或黄萎。叶片受害初呈暗绿色油渍状小斑点，后渐扩大成不规则形。受害组织逐渐干枯，枯死组织薄、半透明。病斑周围有黄色晕圈，并常分泌菌脓。严重时，许多病斑连接成片，引起叶片枯死，但不脱落，经风雨吹打后，病叶碎裂。湿度大时，部分病叶迅速变黑，嫩叶扭曲畸形。豆荚染病呈褐色圆形斑，中央略凹陷。严重时豆荚皱缩，致使种子染病，产生黑色或黄色凹陷斑，种脐部溢出黄色菌脓。

发病条件　本病由黄单胞杆菌属细菌引起。属典型的高温高湿型病害。病菌主要在种子内越冬，但也可随病残体留在土壤中越冬。种子带菌2~3年内仍具活力，但病残体分解后病菌死亡。带菌种子发芽后，病菌即侵害子叶及生长点，并生菌脓，这些菌脓中的细菌经由雨水、昆虫及农具传播，从植株的气孔、水孔及伤口侵入。菜豆细菌性疫病的流行程度同环境条件密切相关。高温高湿环境是发病的关键。

防治方法

（1）农业防治　①与非豆科作物轮作2~3年；深翻棚内土壤20~30cm；选用无病种子；②种子消毒：可用45℃温水浸种10分钟，或用种子重量0.3%的敌克松原粉拌种，或用农用链霉素500倍液浸种24小时。③栽培防病：切实加强通风除湿，尽量避免菜豆植株直接受雨水淋溅，避免大水漫灌，以减少病菌繁殖传播。

（2）药剂防治　始见病株时，喷洒0.3%农用链霉素液，30% DT杀菌剂300倍液和新植霉素200mg/L，以及401抗菌剂800倍液等。每隔10d用药1次，连喷2~3次。

(二) 常见虫害的防治

1. 豆螟

为害特征　幼虫蛀食普通菜豆的嫩茎、花蕾、花瓣、豆荚和豆粒，使植株落花落荚和顶尖枯死。

防治方法

(1) 物理防治　用黑光灯诱杀成虫。

(2) 药剂防治　80%的敌敌畏乳剂 800~1 000 倍液，或 25% 菊乐合剂 3 000 倍液喷洒，每隔 7d 喷 1 次，连喷 2~3 次；或 21% 灭杀毙乳油 2 000 倍液或 90% 晶体敌百虫 800~1 000 倍液，或 50% 杀螟松乳剂 1 000 倍液，隔 5~7d 喷 1 次，连喷 2~3 次。

2. 红蜘蛛 (红叶螨)

为害特征　成螨、幼螨和若螨均在叶片背面吸食汁液，被害处发生褪绿斑点，其后变成灰白、黄白色，继而变成红色，严重时叶片干枯发红，脱落。

防治方法

(1) 农业防治　清除田间枯枝落叶和杂草，耕翻土地。

(2) 药剂防治　用 73% 克螨特乳剂 1 500 倍液，每隔 5~7d 喷 1 次，连喷 2~3 次。

3. 地老虎

为害特征　幼虫在表土层或地表为害。幼虫 3 龄前吃叶，4 龄后开始咬断菜豆幼苗嫩茎，造成缺苗断垄和植株大量死亡。

防治方法

(1) 农业防治　清除田间杂草，减少地老虎产卵场所和食料来源。

(2) 药剂防治　每 667m² 用 5kg 麦麸，炒香后拌 90% 敌百虫 1kg 对水 300g，撒在植株周围诱杀。

用 90% 敌百虫 1 000 倍液或杀螟松乳油 1 000 倍液或敌杀死 1 000 倍液在地老虎 1~4 龄期，隔 5~7d，连续喷洒 2~3 次。

七、采收

蔓生种播种后 60~70d 始收，可连续采收 30~60d 或更长；矮生种播后 50~60d 始收，可连续采收 20~25d。嫩荚大小基本长成时及时收获，采收过早影响产量，过晚影响品质，一般落花后 10~15d 为采收适期。盛荚期 2~3d 采收一次，注意不要漏摘，不要伤茎叶。

第二节　香　椿

香椿嫩芽、嫩叶脆嫩多汁，香气浓郁，风味独特，营养丰富，可以选用鲜食、炒食、凉拌、油炸、腌制等多种食用方法，是名贵的木本蔬菜。

一、香椿对保护地环境条件的适应性

（一）温度

香椿对温度的适应性很广。在年平均温度 8~22℃ 的地区均能生长。成龄树可耐 -20℃ 的低温。但当年的幼树在 -10℃ 的低温下主干即受冻干枯。种子发芽的适温是 20~25℃，幼苗生长的温度是 8~25℃。在露地生长的条件下，幼苗有春、秋两个生长高峰期。气温 20~25℃ 时生长旺盛，上升到 35℃ 时，即停止生长。秋末，当日平均温度降到 10℃ 以下时开始落叶，进入自然休眠，自然休眠期为 30~60d。

（二）光照

香椿适于光照较强的条件，光照充足，嫩芽的香味浓、早熟、高产、品质好。

（三）土壤

香椿对土壤的适应性较强，一般土壤均可正常生长。以富含有机质的沙壤土为最好。香椿不耐涝，地下水位太高，土壤含水量太多，均易引起烂根死苗。

二、苗木培育

香椿的繁殖可以采用留根、断根、种根扦插和枝条扦插等方法进行无性繁殖，也可以采用种子育苗的有性方法繁殖。日光温室里假植繁殖时，用苗量大，（1m² 需 100 多棵），用无性繁殖的方法获取的苗量一般有限，只有用种子繁殖才能满足对苗木的需要。播种育苗的主要技术环节如下：

1. 选用新鲜种子

优质的香椿种子必须是去年新采的，种子呈红黄色，色泽新鲜，饱满，种仁黄色。存放 7~8 个月以后的种子发芽率明显降低，失去了香椿种子特有的芳香味，变为霉味。陈种或劣种不能采用。

2. 作苗床

苗床应选地势高燥，背风向阳，疏松肥沃，能灌能排的沙壤土或壤土，每 667m² 苗床应均匀撒施 5 000kg 左右的腐熟厩肥作基肥，整平耙细后作畦，畦宽 1.2~1.4m，高 20cm，再施入氮磷钾复合肥 60~70kg，平整畦面后待播。

3. 播种量

香椿种子千粒重在 8g 左右，一般每 667m² 苗床地播 2~3kg。

4. 浸种催芽

播种前宜用 25~30℃ 的温水浸种，12 小时后播种。露地直播者在 4 月上中旬播种，如用地膜或无纺布覆盖的可提前 10d 左右，若用冷床或小棚覆盖可提前在 3 月上旬。播种力求均匀，以利幼苗生长。

5. 幼苗期管理

催过芽的种子从播种至出苗需 7~10d，15d 左右可齐苗，浸种直播的要晚 5~7d。出苗前要保持土壤湿润，表土发白变干时宜在中午前后用水壶浇少量水。当种子出苗 50% 时揭去地膜，以免伤苗。齐苗后保持土壤湿润，每隔 1~2d 浇一次水，并注意除草。在苗床中每平方米留苗 100~120 株。采用冷床或小棚育苗时，白天维持 25℃左右，夜间不低于 8℃。

6. 移苗或间苗培育

当苗高 10cm 左右时，应进行移苗。移苗的行株距一般为 25cm×30cm。也有在原来的苗床内先间苗后定苗培育，经移苗或间苗后的苗床每 667m² 育苗 8 000 株左右。移苗初期为防止幼苗萎蔫和促进幼苗生长，最好在中午前后采用遮阳网短期覆盖遮阳，成活后不再覆盖。在间苗定植和移苗缓苗后的 6—7 月间，苗木进入速生期，应以大水、大肥促生长。如基肥较足，一般可不再追肥，只需进行 1~2 次叶面喷肥和小量浇水即可；如基肥不足，可结合浇水每 667m² 施尿素 10~15kg，8 月以后宜停止施肥，以防徒长，但可叶面喷施 1~2 次磷酸二氢钾溶液，以加速幼苗木质化进程和形成饱满的顶芽。

7. 矮化处理

为使培育的苗木适于在冬春季日光温室或大棚内生长，必须控制树苗的高度，使苗高在 1~1.5m 范围内。最常用的矮化方法是对苗木摘心，一般当苗木长至 60cm 时即可进行，但还应根据苗木的长势确定最佳时期，若长势旺应早摘心，反之可推迟摘心。摘心后如萌发的侧枝长势较旺时，对侧枝还应进行摘心。多次摘心后往往使顶芽变小，故也可采用重修剪法，即不行摘心，而在适当时候在主干 60~80cm 处进行重修剪。黄淮地区约在 8 月中下旬进行。上述方法可因地制宜灵活运用。

另一种方法是采用多效唑（PP333 含量 15%）进行调控，使用浓度为 500 倍液，喷施期在 6 月下旬至 7 月上中旬，每隔 5~7d 喷 1 次，共喷 2~3 次即可控制。多效唑应适时早喷，否则苗木进入日光温室后会延迟萌发时间，影响早上市和早期产量。

8. 起苗假植

为防止香椿顶芽受冻和提早完成休眠期，一般应在严霜到来之前把苗木从苗床中取出进行假植。起苗时应尽量多带根，侧根至少保持 30cm。苗木起出后立即按高矮、粗细进行分级、理齐，每 100 株轻轻扎成一捆，立即进行假植，做到随时起苗，随时分组，随时假植，使苗木起苗后不过夜。具体的做法是在日光温室北墙后背或背阴潮湿处，东西向挖一条宽 1m，左右，深 50cm，长度随意的假植沟，在沟内灌水、撒土、打泥浆，然后把分级后的苗木按捆紧靠斜植于沟内，边放苗木边培土。全部假植后再灌一次透水，然后在苗木上覆盖草帘、玉米秆等防冻物，一般经 10~15d，叶片全部脱落，苗木休眠期已结束，可以高密度栽入日光温室内进行培育。

三、香椿设施栽培技术

（一）香椿塑料大棚栽培

我国大部分地区可在 3 月上旬用冷床播种育苗，5 月上旬将苗木栽到塑料大棚内，春节前后开始采收嫩芽。

1. 定植

需要大棚单棚面积 300m² 以上，5 月上旬，幼苗有 4~5 片真叶时，按行距 50~80cm，株距 20~40cm 栽植，每 667m² 栽植 2 000~6 000 株。

为了进一步提高嫩芽产量，最好在 11 月用露地育成的大苗进行高密度栽植，每 667m² 栽 2 万~3 万株。

2. 大棚管理

苗木栽到大棚后，要及时对苗木进行摘心、截干、摘叶、调节温度和水肥管理等，促使苗木健壮、优质。

（1）摘心　香椿顶端优势强，只有顶芽能够萌发，往高处长，为增加单株枝头数，提高产量，需要变矮，多抽生侧枝，在侧枝上形成顶芽，因此，7 月待苗木高达 40~50cm 时摘心，过早会使侧枝充分长高，不能矮化，过晚虽能抽生侧枝，但不易形成顶芽，长势弱的苗木，宜在 7 月上旬进行摘心，长势强的苗木，宜在 7 月下旬实行重摘心。

（2）截干　2年生香椿树，如果上年摘心后主干仍往上长，要进行截干处理，使树木矮化，多发侧枝。一般于6月下旬截干较好。

（3）摘叶　经过摘心和摘叶处理，苗木还是生长过旺，应进行摘叶加以控制。从基部开始摘除1/3或1/2的叶片，并从心叶以下2~3片叶开始剪去每片叶的1/3，抑制生长。

（4）温度调节　10月下旬出现初霜前，大棚要覆盖塑料薄膜，11月，香椿进入休眠期，棚温可保持在1~3℃。12月，大棚内四周及顶部加一层活动薄膜，做保温幕，每天日出后卷起，傍晚日落前盖好，提高保温性能。在寒流即将来临时，每天快天亮之前，将烧好的煤球炉子放进大棚，每667m² 大棚里均匀放置6~8个。一般天气棚温白天保持在18~24℃，夜间12~14℃，在这个温度范围内，昼夜温差越大，香椿芽长的越肥嫩，并且着色均匀，香气浓郁，经40~50d就可长出高质量的嫩芽。

（5）水肥管理　大棚香椿水肥管理的主要目的就是培育壮苗，促使苗木体内积存较多的养分，形成大量饱满的嫩芽。因此，7月上旬以前应控制水、肥，7月上旬以后要充分浇水，追肥，追肥一般每667m² 施腐熟禽粪50kg，腐熟牛栏粪和猪圈粪5 000kg，草木灰60kg，尿素20kg。

（6）采摘　春节前后开始采摘嫩芽。

（二）香椿温室栽培

温室栽培同塑料大棚栽培一样，于3月上旬冷床播种育苗，5月上旬把苗木移栽到温室，它比大棚更容易调节温度和进行管理，可取得较好的经济效益。

我国北方通常把香椿1~2年生苗木连根掘起，密植在温室内，隔1d浇一次水，并将温度控制在20~30℃，尽量避免0℃以下低温和40℃以上高温，等待嫩芽长成商品菜长度时即采摘。

1. 整地作畦

移栽前每 667m² 施腐熟的有机肥 3 000kg、过磷酸钙 50kg、氮磷钾复合肥 40~50kg，均匀撒施后深翻、耙平，做宽 1.5m、高 25cm 的畦，畦间留出 30cm 的走道。

2. 栽植

香椿有冬季休眠特性，为了促成早熟栽培，要在开始落叶时（10 月 20 日前后）掘取苗木进行假植，以打破休眠，掘取时，保持根长 20cm 左右，然后将苗木放入荫蔽处的沟中，根部盖土，浇水，顶部夜间盖草苫以防顶芽受冻。经 15d 左右，叶片养分回流到根部而自行脱落，即解除休眠。

当日平均气温气温降到 3~5℃时进行栽植（11 月中下旬），选择组织充实、顶芽和侧芽饱满、根系发达，高 0.6~1m，干粗 1cm 以上的当年生苗，或株高 1~1.5m，干粗 1.5cm 的多年生苗木，按北高南矮的顺序排在畦内，行距 10cm，株距当年生苗木用 5~7cm，每 1m² 栽 150~200 株，多年生苗木 7~14cm，每平方米栽 70~75 株，当年生苗木如打顶、摘叶后，苗木有 3~4 个侧枝，株行距则应加大到 25~50cm，移栽时根系可以交权重叠，但要舒展。盖土深度同原深度，栽后浇水，3~5d 后扣棚膜。

3. 定植后的管理

扣膜后要加强温度管理，白天室温要保持在 20~25℃，夜间 10℃，经 16~20d 就可以发芽，发芽后白天在 20℃以上，夜间 10℃左右，15d 就可采收，采芽期间温度以 18~25℃为好。

定植后，初期需要较高的土壤湿度和空气湿度，定植后浇透水，发芽前使空气的湿度保持在 85%以上，每 5d 向苗木喷水 1 次，喷水要结合叶面喷肥进行，水中加 0.2%的尿素和 0.3%的磷酸二氢钾，发芽后使空气湿度降低到 70%左右，以提高香椿芽的风味。

每次采芽前 3~5d 要追施一次氮肥，并结合浇水，第一采芽后，每 667m² 应及时喷 0.2%的磷酸二氢钾 50kg，如空气湿度为 60%~70%，连续采芽 3 次左右，可适当浇小水 1~2 次。

4. 采收

扣膜后，经 35~40d 即可开始菜芽，头茬芽长 12~15cm 时采收，二茬芽长 15~20cm 时采收，采收时在基部留 2~3 片叶作辅养叶，或者开始采收丛生在芽薹上的顶芽，即稍留芽薹而把顶芽摘下，让留下的芽薹基部继续分生叶片，每隔 7~10d 采芽一次。

5. 截干移栽

4 月气温回升，棚室内香椿的顶芽、侧芽已基本采完。此时不宜再采，应及早将香椿移出室外，培育壮苗，为来年生产做准备。当气温稳定在 10℃ 以上时，先通风降温，炼苗 3~5d，然后将香椿苗移至室外，按行距 30cm，株距 20cm 左右栽在育苗地，每 667m² 定植 8 000 株左右。在根上部 15cm 处平茬，剪去地上部分。当平茬处长出幼芽后，选壮芽进行培养，有关施肥、浇水、除草等均同第一年移栽定苗后的方法进行管理。一般一次育苗可进行 3~5 年生产。

第八章 设施蔬菜经营与综合管理

第一节 设施蔬菜的市场分析

蔬菜在我国居民的膳食构成中具有重要地位，我国居民的蔬菜消费量居于世界前列。蔬菜为人体提供必需的膳食纤维、矿物质、维生素和碳水化合物等营养物质。

一、我国蔬菜消费的基本特点

（一）设施蔬菜消费群体特点

我国设施蔬菜的主要消费人群是城镇居民，城镇居民收入水平相对较高，对价格较高的设施蔬菜的消费能力强，城镇人口集中，一些特菜、叶菜及新奇蔬菜也便于销售。农村居民的设施蔬菜销量也在逐年增加，在重大节日，销量已超过城市的销量。大多数在农村地区居住分散，不利于蔬菜营销，但县城集市、镇点菜店和集日辐射范围大，可作为营销地点。

（二）高收入居民蔬菜消费量多

随着经济体制改革的不断深化，家庭经济收入普遍提高，收入的高、中、低档次逐渐拉开，反映在蔬菜市场上就出现了不同层次的消费。在一般情况下，收入高的居民蔬菜消费量较多，收入低的居民蔬菜消费量较少。据市场分析，上海有 20% 左右的消费者乐意多花钱选购高档、精细、时令蔬菜，但亦有约 20% 的消费者只需便宜的大路菜。

（三）蔬菜消费具有地域差异

由于饮食传统和习惯可以导致部分蔬菜区域消费的形成，我国南北跨度大，自然生态条件大不相同，而各种蔬菜对环境条件要求亦不一样，大体可分为喜温、喜冷凉和耐寒三类。

喜温蔬菜：番茄、黄瓜、豆类等；

喜冷凉蔬菜：白菜、甘蓝、萝卜等；

耐寒蔬菜：大葱、蒜、菠菜等。

由于上类蔬菜品种生产的地区不平衡，导致蔬菜消费具有地域差异：一是北方的如长春、北京、郑州等地白菜、西红柿、黄瓜、大葱、豆角五种占比重较大，白菜最大；二是南方如广州、上海等地居民消费芽类蔬菜、水生蔬菜、多年生蔬菜、野生蔬菜、稀特蔬菜等时令菜、优质高档菜比北方居民消费量大。

从全国看，北方城市居民人均购买鲜菜量比南方的多。农村居民蔬菜消费量则基本取决于生产量、生产品种和消费习惯。

（四）蔬菜消费品种结构复杂

我国蔬菜种类繁多，北方鲜菜累计达上百种，南方市场蔬菜花式品种会更多。这就决定了我国蔬菜品种消费结构的复杂性。在鲜菜品种消费结构中，有 25 种蔬菜是居民餐桌上普遍的菜肴。这 25 种菜是：白菜、甘蓝、菠菜、油菜、芹菜、韭菜、空心菜、大葱、菜花、萝卜、胡萝卜、葱头、生姜、莴笋、蒜薹、蒜头、黄瓜、冬瓜、丝瓜、番茄、茄子、青椒、豆角、莲藕、豆芽菜等。

（五）产地的局限性

很多蔬菜由于产地的局限性，形成典型的区域消费特点，或由于消费习惯导致其产地的局限性。

江南湖泊水网交错，为水生蔬菜生产创造了得天独厚的环境。因此，太湖莼菜、无锡茭白、杭州荸荠、雪湖贡藕、建水草芽等就呈明显的区域消费特色。

二、我国蔬菜产需的新变化

随着我国居民收入水平的提高，食物消费结构发生了巨大的变化，蔬菜产需基本平衡。在这种情况下，人们对蔬菜的消费已从数量型逐步转向质量型，要求蔬菜"优质、卫生、营养、保健、方便"。由此，我国蔬菜产需出现了六方面的转化。

（一）向营养保健型转化

当人们对吃饱吃好的要求满足之后，就寻求能预防疾病、强健身体的食品，以达到延年益寿的目的。从营养学分析，蔬菜是重要的功能性食品，因为人类需要的六大营养元素中的维生素、矿物质和纤维素主要来源于蔬菜，而且某些营养元素还是蔬菜独有的。如果人们缺少蔬菜中某种营养元素，不仅影响人体健康，而且还导致某些疾病发生。

因此，不少消费者到市场选购具有营养价值高和保健功能的蔬菜。主要表现在：

一是营养价值高、风味好的豆类、瓜类、食用菌类、茄果类蔬菜已由数量型向质量型发展；二是营养价值高的南方菜，如花菜、生菜、绿菜花、紫甘蓝等销势看好；三是一些具有保健医疗功能的野生蔬菜身价倍增，成为菜中精品，各地正致力采集、驯化栽培、加工利用，以供应市场的需要。

（二）向"绿色食品型"转化

蔬菜数量的剧增令人欣慰，但其有害物质的富集却让人忧虑。消费者食品安全意识不断增强，对"绿色食品"的追求越来越迫切。

20世纪80年代初，农业部植保总站开始推广无公害蔬菜生产技术，到20世纪80年代末已有22个省（直辖市、自治区）的200多个城市建起无公害蔬菜生产基地6.67万 hm^2，年生产无公害蔬菜610万 t以上。20世纪90年代，农业部成立"中国绿色食品发展中心"，实行"绿色食品"认证制，从产地生态环境、产品生产操作规程到农药残留、有害重金属和细菌含量等方面对"绿色食品"的标准做了界定。

（三）向净菜方便型转化

为了适应城市快节奏、高效率的需要，净菜悄悄上市了。所谓净菜，就是蔬菜采收后，进入5~7℃的低温加工车间，在这里完成预冷、分选、清洗、干燥、切分、添加、包装、贮藏、质检等工序。这时的蔬菜即是净菜，只要稍加清洗，便可入锅烹炒。

（四）向蔬菜工业食品型转化

蔬菜工业食品包括原料贮存、半成品加工和营养成分分离、提纯、重组等。发达国家工业食品在食品消费中所占的比例较大，一般达80%，有的高达90%，而我国只占25%。

我国蔬菜工业食品除传统的腌渍、制干、制罐等加工工艺外，已开发出半成品加工、脱水蔬菜、速冻蔬菜、蔬菜脆片等；一些新开发的产品也陆续问世，主要有汁液蔬菜、粉末蔬菜、辣味蔬菜、美容蔬菜、方便蔬菜等；蔬菜深加工迅速兴起，已露出三大走向，那就是蔬菜面点、蔬菜蜜饯、蔬菜饮料。

由于工业食品在品种、质量、营养、卫生、安全、方便和稳定供给方面，更适应人们对现代食品的高要求和快节奏生活的需要，已受到广大消费者的青睐。

（五）向名、特、稀、优型转化

向名特稀优型转化的标志：

一是人们购买趋向时令菜、反季节菜。在淡季，花菜、番茄、韭菜等更加畅销。在冬季北京市场上，南方生产的黄瓜、花菜、西洋芹等颇受欢迎。

二是大路菜销售减少，细菜消费量增加。

三是西菜，是从国外引进的高档蔬菜品种的总称，市场广阔，除饭店、宾馆需求趋旺外，已进入普通居民家庭。近年，广东、广西、福建等省（区）发展较快。西菜适应性强，具有丰产性、抗病性，我国南北各地均可种植。目前，栽培种类主要有风味西菜、袖珍西菜、花粉西菜、营养西菜、色彩西菜等。

（六）向出口创汇型转化

由于我国各地生态条件不同，形成了不少具有地区特色的优质蔬菜品种。随着市场经济的发展，这些优质蔬菜得到升华，有些已成为"无公害蔬菜"，又上了一个档次，不但深受国内消费者欢迎，而且在国外市场也有竞争力。

以上六方面转化标志着我国居民蔬菜需求已从数量型转化为质量型。随着农村经济的发展，农村蔬菜消费将得到提高。

第二节　如何提高设施蔬菜生产效益

设施蔬菜经济效益是指蔬菜种植经营活动中所有投入与产值的比较，即以尽量少的劳动耗费取得尽量多的经营成果，或者以同等的劳动耗费取得更多的经营成果。其主要指标包括土地生产率、劳动生产率、资金生产率、资金利用率等。效益来自于优良品种，来自于科学管理，来自于技术进步，来自于经营谋略。这里除了专业技术即我们通常讲的"土肥水是基础、优良品种是前提，病虫防控是保障，销售和茬口安排是支撑"。另外，如何依据市场来准确定位——找准路子突出特色，如何高标准建园——打好丰产优质的基础，如何进行精细化管理——精准管理、精确市场营销，如何打造品牌——在消费者心智中打下生产环境优美、外观品质优良、安全放心的烙印，如何利用现代互联网技术经营产品——电子商务平台宣传产品、销售产品，来实现高产、优质、高附加值、高效益的目标。

一、技术措施

1. 建好设施建筑，强化管理

设施蔬菜对温度、光照敏感，如果设施建筑只考虑节约，达不到控温、调光目的，会造成减产甚至绝收。设施的管理要求也较严格，按规程操作，才能达到丰收的目的。

2. 安排好茬口

大棚内栽培的蔬菜品种要根据市场行情确定，瞄准市场空档，拾遗补缺，多发展精细、高档蔬菜。只要把握好上市季节，就可在时间差里取得更高的效益。设施蔬菜成本较高，茬口安排不但要考虑大棚利用，还要考虑市场上的销售时机，要结合生产与销售两个实际，可瞄准当地冬季反季节市场，也可瞄准收购商远销的目的地市场。安排不好会造成重大损失，例如，某年河南某地春节后的青菜滞销，最后分析原因，当年春节比往年提前较多，农户种菜时，还按往年茬口，错过了春节前收购商的收购时间。

3. 适度规模生产

根据拥有的资金、技术力量和经营管理水平，采取适度规模经营，种植面积太小，收益太低，面积太大管理和销售困难，也是得不偿失。设施蔬菜生产主要还是靠实力和能力，适度规模做好规划，看准市场选好品种，精耕细作管好蔬菜，热情待客做好销售，打出品牌开拓更大市场。

4. 做好菜园定位

如果在城市近郊，交通方便，可以定位在满足城镇居民周末、节假日休闲观光自采的需求，建成休闲、观光、自采、餐饮为一体的生态菜园，使消费者享受田园风光，体验农业，成为市民的蔬菜采摘园。这就需要注重打造优美环境，建园时要高标准，突出现代农业，体现最先进模式；管理上要精耕细作，突出最安全措施，科学防控病虫害；选择品种时突出新奇特吸引城市高端人群。

如果是纯粹生产的蔬菜大棚，注意不要选择太多品种，要突出货架期长的主栽品种，以便形成批量，进行远距离运输，销往临近大城市或外销。

5. 采后处理

蔬菜对新鲜度的要求高，要考虑万一当时卖不出去，能简易降温储藏，或进入冷库存放，或进行加工等。以免积压后腐烂变质，造成损失。

6. 合作共赢

一个村或一个镇内的菜农尽量成立合作社，即使不能成立合作社，也尽量要经常沟通信息。适时成立蔬菜专业合作社或股份制公司。

7. 爱护声誉、创立品牌

一个区域内，一种蔬菜的面积都在上百亩，菜农要按规范种植，尽量生产高品质蔬菜，放大地域效果，逐渐会成为一个品牌，使蔬菜收购商主动上门求购。严禁出现农药残留超标的蔬菜，这样失去收购商和消费者的信任，一经曝光，整个区域的当季蔬菜都会滞销，造成大范围损失。适时创立品牌，方便宣传和营销。

二、技术措施

1. 种植高效品种

应选用在无大棚保护设施条件下不能生产或不能正常生长，同时又是市场效益高、产量高、质量好、经济效益高的蔬菜品种，如香椿、黄瓜、西葫芦、西瓜、番茄、辣椒、茄子、平菇等，而一些耐寒性的蔬菜或经过简易覆盖、贮藏能在冬春上市的蔬菜品种。

2. 提高复种指数

大棚蔬菜经济效益主要是春节前后至翌年"五一"前。为提高大棚种植效益，应积极推广多茬次立体高效栽培模式，要根据不同蔬菜不同的生长特点，选用适宜品种，合理安排茬口，采用多茬种植、间套混作、立体栽培等多种形式，提高棚菜的复种指数。

3. 密植促早期产量

以黄瓜为例，每 $1/15hm^2$ 密度可加大到 6 000 株，采用主、副行栽培，当加行黄瓜长到 12 片叶时，摘心，留 4 条瓜，小架栽培，主栽培行长至 25 片叶后，拔除加行，保持每 $1/15hm^2$ 3 000～3 300 株。此方式一般可增产、增值 20%以上。

4. 园土消毒

大棚蔬菜由于连作次数多，一般病害较为严重，用化学药剂进行园土消毒可杀灭靠土壤传播病害的病菌，降低发病率。每 $1m^2$ 床土注入 3～5g 多菌灵或 300g 溴化甲醇进行灭菌。

5. 双层保温

采取双层保温措施，即在大棚内加盖地膜或设置小拱棚。据有关试验，在棚内加盖地膜，能使地温提高 2℃，在棚内设置小拱棚可使小拱棚内的温度保持在 15℃以上。

6. 合理使用生长调节剂

棚菜应用多效唑、防落素、番茄灵、奈乙酸、乙烯利等生长调节剂，可控制徒长，防止落花落果，促进早熟丰产。

7. 嫁接

在大棚连作黄瓜，若用黑籽南瓜或南砧一号等进行嫁接，能防治黄瓜的多种病害，增产 25%以上。

8. 严防氨害

在大棚内栽培蔬菜，首先应控制氮肥的使用量，在使用氮肥后要及时浇水，肥料深施并覆土，注意开窗换气，严防氨气为害。

9. 设置反光幕

在蔬菜大棚内的北侧弱光处设置一道反光幕，能明显增强蔬菜大棚北侧的光照，并可提高地温 1.5～3℃。

10. 采用滴灌

大棚菜采用地膜下滴灌节水技术，可降低棚内空气相对湿度 10%，混合病情指数降低 8%，增产 10%～15%。